新型职业农民培育教材

《热带亚热带果树高效生产技术》系列丛书

番木瓜

优良品种与高效栽培技术

◎ 熊月明 等 编著

中国农业科学技术出版社

图书在版编目（CIP）数据

番木瓜优良品种与高效栽培技术 / 熊月明等编著. —北京：中国农业科学技术出版社，2019.6

（热带亚热带果树高效生产技术系列丛书）

ISBN 978-7-5116-4278-3

Ⅰ. ①番… Ⅱ. ①熊… Ⅲ. ①番木瓜—果树园艺 Ⅳ. ① S667.9

中国版本图书馆 CIP 数据核字（2019）第 125962 号

责任编辑 徐定娜
责任校对 李向荣

出　　版 中国农业科学技术出版社
北京市中关村南大街 12 号　　邮编：100081
电　　话（010）82105169（编辑室）
（010）82109702（发行部）（010）82109709（读者服务部）
传　　真（010）82106626
网　　址 http://www.castp.cn
经　　销 各地新华书店
印　　刷 北京富泰印刷有限责任公司
开　　本 710mm × 1000mm　1/16
印　　张 6.25
字　　数 112 千字
版　　次 2019 年 6 月第 1 版　　2019 年 6 月第 1 次印刷
定　　价 32.00 元

本图书的出版得到了以下项目的资助：

1. 福建省农业科学院出版基金专项：“番木瓜栽培技术及利用图说”。

2. 福建省公益类科研院所基本科研专项“果树优良品种基地建设与示范”（计划编号：2017R1013-9）。

《热带亚热带果树高效生产技术》系列丛书

编 委 会

《番木瓜优良品种与高效栽培技术》编著人员

主 编 著： 熊月明

副主编著： 刘友接　黄雄峰　卢新坤　臧春荣　杨　凌

参加编著：（按拼音顺序排列）

陈　燕　陈豪军　陈育才　甘卫堂　林文忠

潘祖建　武竞超　吴思逢　姚　文　尤桂春

赵志昆

前　言

番木瓜是热带名优水果，营养价值很高，美国科学家评其为十大营养保健水果之首。且番木瓜具有很好的食疗和药用价值，是不可多得的果、菜、药兼用果品，深受消费者欢迎。

番木瓜除了鲜食外，还可以加工成果脯、果酱、果汁，同时又是禽畜很好的精饲料。随着人们生活水平的提高和对营养、健康的日益追求，番木瓜及其附产品将越来越受到广大消费者的青睐。

近年来，从我国台湾地区及国外引进优质适合南方五省（自治区）种植的番木瓜优良品种越来越多，番木瓜种植面积和产量增加，尤其是加工业的深入，带动了番木瓜种植大发展。同时，随着设施农业的大力发展，番木瓜引入北方进行设施栽培获得成功。北方多地番木瓜设施种植面积不断增大，随着人民对营养保健果品的重视，番木瓜设施栽培将有广阔的发展前景。

为了适应番木瓜产业化发展的需要，更好地普及番木瓜优质丰产栽培技术，更全面地了解我国台湾番木瓜优良品种及先进栽培技术，经过多年番木瓜品种收集、引进、栽培技术创新，决定编写《番木瓜优良品种与高效栽培技术》一书。我们把科研、生产经验图文并茂地汇集起来，把国内外的番木瓜品种资源尽量完整系统地介绍出来，并把番木瓜产区收集材料图片融合进来，进行撰写加工。力争让该书的内容更具有科学性、实用性和直观简洁，便于广大生产者阅读，参考和借鉴。

目　录 Contents

第一章 概　述

一、生产番木瓜的意义

番木瓜，又称木瓜，番木瓜科（*Carica papay* L），番木瓜属，为多年生常绿大型肉质草本植物，树年龄达20～30年，广东又称万寿果、乳果或乳瓜，有“岭南佳果”的美称，现分布在我国热带及亚热带地区。

广东梅州多年生番木瓜植株

三亚腾桥多年生番木瓜植株

番木瓜原产美洲热带地区，后传到西印度群岛，17世纪传到我国，现广泛分布在世界热带及亚热带地区。我国栽培历史300余年，《岭南杂记》对番木瓜的植物学形态、结果习性、栽培方法和用途有记载。我国的番木瓜主要分布在海南省、广东省、广西壮族自治区（以下简称广西）、福建省、云南省和台湾地区，四川的西昌以及江西的赣州也有栽培种植。世界上以泰国、印度尼西亚、印度、越南、缅甸、菲律宾、马来西亚、墨西哥、巴西、哥伦比亚、刚果民主共和国、乌干达、美国、古巴等国家栽培较多。在我国，20世纪50年代末至60年代初，受到番木瓜环斑花叶病的侵袭，严重影响了番木瓜生产，原有的品种及栽培模式已无法适应生产的需求。由于番木瓜环斑花叶病的为害，番木瓜种植第一年已严重发病，产量下降，品质变劣，寿命缩短，造成第二年大幅度减产甚至失收，在没有一种根本防治番木瓜环斑花叶病措施的前提下，经过多年的试验研究、示范、推广，现普遍采取冬播春植、当年高产、当年收果的模式。由于该栽培技术的成功应用，番木瓜生产得到了迅速的恢复和发展。而近年由于设施栽培（包括网室、温室栽培等）新技术的研究及开发，设施栽培下的番木瓜很少或无番木瓜环斑花叶病出现，又可以防止冻害，从而满足了番木瓜市场的周年供应。

漳浦县石榴镇大田设施种植

番木瓜结果快、产量高、效益好，在气候适宜区种植，番木瓜幼苗自定植至开始采收仅需8个月，在气温高、肥水充足的地区栽培，所需时间更短。在正常栽培条件下，多数品种每亩产量可达4 000～5 000千克，且由于果实逐个成熟、采收，鲜果供应期长，在热带地区可以周年供应鲜果。栽培小果型优质番木瓜，售价更高，经济效益更好。用于提取蛋白酶的番木瓜栽培，结合果实的加工利用，其经济效益也很高。在气候条件适宜但远离市镇、鲜销市场有限的地区，可积极发展番木瓜蛋白酶生产。因此，番木瓜的生产具有广阔的前景，是很值得发展的果树。

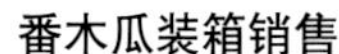
番木瓜装箱销售

成熟果实

二、番木瓜的营养价值

番木瓜（*Carica papaya* L）是番木瓜科（*Caricaceae*）番木瓜属（*Carica* L）植物。番木瓜鲜果外形美观、皮薄肉厚、清香甘甜、香滑可口，营养丰富。番木瓜果实含有糖、脂肪、蛋白质、钙盐、胡萝卜素、B 族维生素、维生素 C、维生素 D、维生素 E、微量元素（钙、铁、锌、硒、磷、钠、钾、镁）、粗纤维、果胶、鞣质以及赖氨酸、缬氨酸、异亮氨酸等 17 种氨基酸。每 100 克果肉含碳水化合物 10.6 克，蛋白质 0.2 克，脂肪 0.2 克，纤维素 0.5 克，钙 18 毫克，钾 257 毫克，磷 13.5 毫克，镁 10 毫克，钠 3 毫克，铁 1.3 毫克，以及锌、铜、锰等矿质元素，维生素 A3184 国际单位，含量比菠萝高 20 倍，维生素 C69.9 毫克，含量比菠萝高近 4 倍，尚有维生素 B_1、B_2 和 E。其钾含量均比龙眼、荔枝、柑、橙、柚、苹果、梨、葡萄、桃，柿、香蕉等水果高。美国科学家根据水果所含维生素、矿物质、纤维素以及热量等指标，综合评定确认营养最佳的 10 种水果，以番木瓜为首。番木瓜中的类胡萝卜素在增强免疫力、抗氧化等方面均有功效，成熟番木瓜果肉呈黄色或红色，黄色果肉主要含胡萝素，红色果肉主要含番茄红素，均具有卓越的保健功效和重要的食用价值与工业价值。

番木瓜用途很广，营养丰富，含有多种维生素，特别是维生素 A，含量比菠萝高 20 倍，尚含有维生素 B、维生素 C 等，此外，还含有丰富的糖分及钙。未熟果与半熟果含有丰富的番木瓜酵素，可助消化，因此番木瓜成为人们喜爱的一种助消化水果。

红肉番木瓜果盘

黄肉番木瓜果盘

木瓜丝

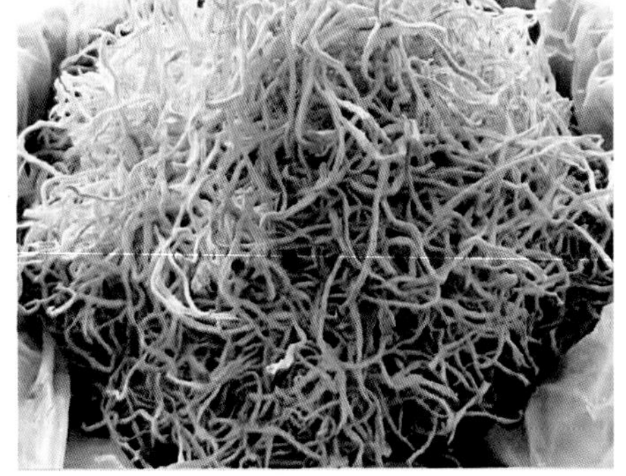

木瓜干丝

木瓜酱菜

番木瓜主要种类和品种

一、番木瓜属的主要种类

番木瓜属于番木瓜科（*Carieaeeae*）番木瓜属（*Cariea*）。番木瓜属约有40个种，主要分布在美洲热带地区，除栽培种番木瓜（*Carica papaya* L）外，其他番木瓜属植物果形小，品质差，但抗逆性及抗病性强。育种上有利用价值的有下列几种。

1. 番木瓜

原产于热带美洲，是现在各地广泛栽培的种类，大多数栽培品种都属于此类，是番木瓜属中经济价值最高的一种。

2. 山番木瓜（*C. candamacensis Hook. f.*）

原产哥伦比亚和厄瓜多尔海拔2 400～2 700米的高山上，抗病及抗寒性强，在-2～2.4℃也不受害。但果小、味酸，不适于鲜食，可用于腌制。

3. 槲叶番木瓜 [*C quercifolia*（*sL Hil.*）*Solms laub.*]

原产玻利维亚、厄瓜多尔、乌拉圭、阿根廷等地。耐寒性强，在-4.4℃也不会冻死，果形较山番木瓜小，味涩，可加糖食用。

4. 秘鲁番木瓜（*C monoica Desf.*）

原产秘鲁，雌雄异株，一年生，树型小，早熟，播种后3～4个月开始连续结果数月，果、叶及幼株均可煮食。

5. 其他

此外，还有五棱番木瓜（*C pentagona Heilb.*）、兰花番木瓜（*C cauliflora Jacq.*）、戟叶番木瓜（*C hastalfolius Solms*）。这三种番木瓜都原产于美洲安第斯山区，果小，肉薄，缺香味，可作蔬菜用。有天然单性结果现象，耐寒性强。兰花番木瓜有抑制病毒病类似干扰素的物质，可作为番木瓜的育种材料。

二、国外选育的主要番木瓜品种

目前，主要栽培的番木瓜品种有夏威夷种和墨西哥种两大类型，其中夏威夷种较为普遍，夏威夷种的番木瓜比墨西哥种的果实大。国外选育的栽培面积较大的品种主要如下。

1. 夏威夷木瓜

别名升阳，美国选育，是一个小果型品种，种植后一年内可开花结果且四季花果不断，结果早产量高的性状突出，果肉红色气味芳香，鲜食或作木瓜盅食用或者作蔬菜，药用价值也很高，很受消费者欢迎。

2. 苏罗

美国选育，苏罗番木瓜原产地加勒比海，引入夏威夷后成为当地主栽品种。果型较小，果肉厚，带香味，具有耐贮藏和运输的优点，但易感染炭疽病。

苏罗结果株

苏罗大面积种植果园

三、我国选育和引进的主要番木瓜品种

1. 红妃

红妃是台湾农友种苗公司育成的中果型优良品种。该品种植株高，茎粗，茎干绿色，长势特强，结果期早。结果时植株低矮，结第一果时，株高仅 60～80 厘米。结果力强，每季每株可结果 30 个以上，产量高。果大，单果重 1.5～2 千克，最大可达 3 千克。一般当年单株产量 35 千克。雌株果实椭圆形，两性株果实长圆形。果实大小均匀，果皮光滑美观，果皮泛橙红色，果肉红色，果肉厚。品质优良，气味芳香，可溶性固形物 13%，但低温期味较淡。喜暖热干燥、日照充足的气候，适宜在疏松、排灌良好的土壤中种植，较耐病、耐病毒性强。耐运输。忌连栽，宜和玉米间作。

红妃雌株

红妃两性株

2. 台农 2 号

台农 2 号是 1971 年台湾凤山试验分所利用由“泰国种”和“日升”杂交而成。生长健壮，早生，从播种至开花 220 天。产量较高，株产 32.6 千克，平均果重 1.1 千克。雌果椭圆形，两性果长圆形，果形平整美观。果皮浓绿，果肉红色多汁，可溶性固形物 11.7%，气味清爽。耐藏性、耐寒性和耐病性弱，在台湾省多进行网室设施栽培。

台农 2 号开花结果状

台农 2 号雌株

3. 台农 5 号

番木瓜是台湾省第一个抗病毒病小果型新品种，为佛州种 × 哥斯达黎加红肉种的杂交后代再杂交育成，是台湾省目前主要的经济栽培品种。茎紫红色，植株生长强健，叶色浓绿，叶柄长，叶片开张，茎间短。“台农 5 号”株型较矮，株茎粗壮，株高 160~170 厘米，茎周 6～6.5 厘米，叶片 60～64 片；适应性强，能较好地保持品种原有的品质特性。单株平均果数 25～28 个，单果重 1.2～1.5 千克，单株产 30 千克。雌果椭圆形，两性果长圆形，果形平整美观。果皮浓绿，果肉红色多汁，肉质嫩滑清甜，可溶性固形物 10% 以上，糖度 12 度，品质佳。品质风味夏季略逊于台农 2 号，冬季糖度质量反而比台农 2 号优。冬播春植苗始蕾期在 5 月下旬，采收始期在 11 月底至 12 月初，属中晚熟品种。品种抗病性强，畸形果极少，较耐花叶病，番木瓜品种群体株性比较合理，花性较稳定，两性株高温期趋雄程度较轻，坐果较稳定，

台农 5 号雌株

主要结果株占90%以上。但果皮较薄，后熟较快，耐藏性较弱，宜适当提早采收。

4. 马来西亚10号

从马来西亚农业研究和发展研究所引进。由（Subang 6×Sunrise Solo）×Sunrise Solo交杂育成。在福州地区种植，雌株一年生株高约193厘米，茎粗约18厘米；两性株一年生株高约203厘米，茎粗约20.3厘米。植株叶间长1～3.5厘米，植株茎秆灰绿色，叶片脱落处为暗紫色，叶柄、果柄紫红色。叶柄长44～80厘米，叶柄中空，叶互生，叶片为七出掌状缺刻，叶脉紫色。大多数为聚伞花序，单花花蕾黄绿色带紫色，开花时，花瓣上部分为乳黄色，下部分为紫色。果实雌性果梨形或长椭圆形，两性果长圆形，未熟果表皮翠绿色，成熟果表皮橙黄色。果蒂周围紫色。成熟种子褐色。

在福州地区，清明节后移植的春播苗，现蕾期7月12—18日，始花期7月20—25日，结果期7月26—30日，始熟期11月上旬。雌株平均17片叶开始结果，第一结果高度约为45.3厘米；两性株平均22片叶开始结果，第一结果高度约为51.2厘米。年平均株产69个，平均株产32.6千克。在漳州地区，漳浦县，11月下旬种植，第二年2月中旬现蕾，2月下旬结果，7月中旬果实成熟。平和县3月下旬种植，6月中旬开花，10月下旬果实开始成熟。第一结果高度约为40厘米，一年生株高190厘米左右；两性株平均20片叶开始结果，第一结果高度约为47.2厘米，一年生株高194.6厘米左右。平均株产52个，年平均株产44.33千克。

马来西亚10号两性株

马来西亚10号雌株

该品种生长势旺，叶柄、果柄呈紫红色，抗病能力相对较强，适应性好，一般土壤均能正常生长结果，间断结果现象不明显，在低温条件下（大于 18℃）也能坐果，病虫害较少，植株较矮化。该品种在最低温度 5℃以下地区不宜种植，另外，该品种对硼元素比较敏感，缺硼瘤肿病比较严重。

5. 马来西亚 6 号

福建省漳浦县 2005 年 1 月由一种植大户从我国台湾省引进。“马来西亚 6 号”番木瓜株形较矮，平均株高 180 厘米左右，周茎平均 4.1 厘米，茎干较短而粗壮，灰绿色；叶片较大，缺刻多，色绿，叶柄长，稍下垂。一般在 33～34 叶开始现蕾，坐果部位较低。两性果呈长圆形，雌性果呈椭圆形，平均果重 0.25～0.5 千克，亩产最高达到 2 000 千克，正常果外观鲜亮，肉色鲜红，肉质较硬，味甜而有淡淡香味，可溶性固形物含量可达 15%，风味甜，汁多，食后口感舒适，有降火排毒作用。但抗性病差。

马来西亚 6 号两性株

6. 改良日升

“改良日升”番木瓜属红肉小果型品种，以两性株的果实为商品果，两性株占群体株的68%。该品种为中熟品种，从种植到进入始果期需8～9个月，每年单株平均结果数为69个，每节位结果1～3个，一般两年内株产果可达180～200个，果实分布较均匀，单株产量高，鲜食品质好。一年生植株，平均干高85厘米，干周42厘米，株高305厘米，节间长3.5厘米，茎干淡灰绿色。叶柄痕小，叶柄绿色或红绿色，叶裂数8裂，叶柄弯缺处稍闭合，叶锯齿直立。花序大小中等，花色乳白，每节花朵数10朵以，花变性较少，定植到始花75天左右。果实未成熟时呈淡绿色，成熟时为黄色，外观光滑、斑点少、表面脊浅，果臀处平扁形，果顶尖；两性果梨形，

改良日升两性株

雌果圆形，果皮中等厚、较硬，肉厚2.1厘米。果肉橙红色，软滑；可溶性固形物含量13%，风味甜，汁多，果实中央腔五星状，平均单果重600克，最大单果重900克，果实纵横径为16厘米×8厘米，果形指数2。授粉良好的果实种子较多，平均每果数百粒，种子黑色，卵球形，八至九成成熟果实（出现1～2条黄纹）在常温下（27～32℃）可贮藏7～8天。种子密封后，常温下贮藏半年发芽率在70%以上。抗涝、抗虫、抗风性均为中抗，抗寒性为低抗，高抗环斑花叶病。

7. 美中红

“美中红”是广州市果树科学研究所根据国际市场的鲜食倾向，1996年通过引进国外的小果型品种与广东本地的中果型品种杂交选育出的小果型番木瓜品种。该品种株高153厘米，茎粗29～32厘米，叶片数70～74片，主要结果株占

90% 以上。冬播春植苗始花期在 5 月上旬，始收期在 9 月底至 10 月初。定植后到初收约 180 天，属中熟类型。群体的株性比较合理，花性较稳定，两性株在高温期趋性程度较轻，坐果较稳定。两性果纺缍形，雌性果圆形。单株当年平均产量 22～25 个，单果重 0.4～0.7 千克，可溶性固形物 13% 以上，品质极佳，平均每 667 平方米产量 2 200～3 000 千克，果肉红色，肉质嫩滑清甜，果皮光滑有光泽。该品种适应性强，耐花叶病，该品种植株较粗壮，适应性较强，较丰产，是适应市场鲜食需求的红肉新品种。但对硼比较敏感，缺硼时果实畸形较明显，种植时要及时施硼肥。

美中红两性株

8. 红铃

“红铃”番木瓜是广州市果树科学研究所以“穗中红 48”作母本，“马来红”作父本，通过杂交选育而成的大中果型品种。

该品种挂果部位低，植株矮壮，株高 90～120 厘米，比穗中红 48 矮 30% 以上，茎灰绿色，较细而韧，叶呈掌状缺刻，互生，叶片大，叶色浓绿，叶柄短而粗，叶柄开张角度 45°，抗风性很强。挂果部位低，坐果高度 24～33 厘米，比其他大中果型番木瓜低 15～25 厘米。果实中等偏大，两性果长圆形，雌性果椭圆形，成熟时果皮橙黄色，平均单果重 2.19 千克，果皮光滑，果肉浅红色，果肉厚 3～3.3 厘米，可溶性固形物含量 10.96%，果皮韧，果肉紧实。在高温干旱条件下，两性株的花性趋雄程度较轻，间断结果不明显，花性比较稳定。但到 8 月下旬后开花结果性能差。该品种较耐炭疽病和花叶病。

红铃两性株

9. 漳红

福建省漳州市农科所用马来种与太空搭载的台农 2 号后代杂交，经 8 年选育而成。该品种植株茎秆紫色，叶柄紫红，一年生株高 175～185 厘米，茎粗 8.9～10 厘米，最低结果位 51 厘米，干直立，根肉质，有主根，侧根多条，须根多数分布较浅；叶柄紫红色，中空，长 80～100 厘米，3 月中旬移植的冬播苗，其现蕾始期为 5 月下旬，开花始期为 6 月中旬，结果始期为 6 月下旬，黄熟始期为 10 月中旬。其雌果短圆形，底部钝圆光滑，两性果长圆形，果柄紫红色，果蒂基处有近圆形五边状褐斑。平均单果重 0.8～1.5 千克，果肉色橙红，可溶性固形物含量 12.0%，清甜。该品种属中果型红肉品种，年单株产量 27.5 千克，亩产 3 000 千克以上，其产量水平介于大果型“穗中红 48”“红妃”与小果型“美中红”之间。抗性病中等。缺点是高温时有间断结果现象。

漳红　　　　漳红间断结果

10. 穗中红 48

穗中红 48 是广州市果树科学研究所采用多元杂交育成的老牌品种。该品种具有早熟、丰产、稳产、优质、花性较稳定、较耐花叶病等优点。其植株较高，茎干较粗，灰绿色（幼苗期红色）。叶略小，缺刻较多而略深。色绿，叶端稍下垂，叶柄短，黄绿色。营养生育期短，从第 24～26 片叶现蕾。花期早，坐果早。冬播春植，190～200 天始收，坐果部位低。一般 40～48 厘米开始坐果。两性果长圆形，雌性果椭圆形，单果重 1.5～3 千克，肉色橙黄，肉质嫩滑，硬度适中，味甜清香，食后口感舒适。可溶性固形物 11%～13.5%，每 100 克果实中含维生素 C58.3 毫克，当年亩产量 3 500～4 000 千克，肥沃地区亩产量 5 000 千克以上。

穗中红 48 雌株

穗中红 48 两性株

在高温干旱条件下，两性株花性趋雄程度较轻，间断结果不很明显，比较稳产。比岭南种结果早 30 天，是南岭地区推广的中果型黄肉优良品种之一，前几年该品种占栽培总面积的 60% 以上，是目前国内的主栽品种。缺点是耐寒性稍差，根系较浅，要注意防台风。

11. 岭南种

由广东省从夏威夷引进，在广州有较长的栽培历史。该品种特点是植株较矮，早结丰产，两性株果实较长，肉厚，果肉橙黄色，味甜，有桂花香，耐湿性较强。其中又选出“岭南 5 号”和“岭南 6 号”。“岭南 5 号”果较小，平均单果重 1 千克左右，果形较圆。“岭南 6 号”则果较大，平均单果重 2～3 千克，果实长圆形。

南岭种

南岭种雌花

番木瓜生物学特性

番木瓜是多年生常绿果树，实生定植后 2 个月开始开花，其植株高度一年生可达 2 米，多年生可达 12 米多，随着年限的增加，结果逐年减少，加上环斑花叶病等为害及霜冻影响，目前多采用秋播春植，当年冬采收完毕，大多数采用一生年栽培种植。番木瓜体细胞染色体数目 2n=18，核型公式 2n=2x=18，基因组只有 372Mb，比常用模式植物拟南芥基因组大，比水稻玉米基因组要小，因此番木瓜的基因组可作为研究果树的模式植物，目前番木瓜的基因组草图已构建完成。

一、根系及其分布特点

番木瓜传统的种植方式主要用种子进行实生繁殖，由胚根发育而成的根系主根粗大，侧根强壮，须根多。种子直播苗主根明显，稍长；移植苗主根则不明显。结果树在根颈处生长 2～4 厘米的粗根，向下生长，它们的主根和数条侧根构成根系的骨架，对植株起着固定植株、贮藏养分和扩大根系的作用；一年生以上的番木瓜其固定根有 4～6 条，在这些主根和侧根表面上密生须根，须根上着生根毛，起着吸收水分和养分的作用。随着根系生长，一部分须根发育成一级侧根，另一部分须根衰退枯死，根系不断更替生长。

根系的发生、生长与分布随着植株生长、土壤结构、地下水位高低不同而异。番木瓜的根系主要分布在表土下 10～30 厘米处。地下水位高，分布浅，地下水位低或丘陵地，则分布深，根系深入土层可达 70～100 厘米。根系的生长发育与气候条件，特别是温度有很大的关系。如在福建漳州市漳浦县，3 月平均气温达到 18℃左右时，新根开始生长，5—6 月根系生长最旺盛，7—8 月表层土温

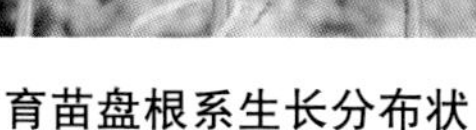

育苗盘根系生长分布状

育苗盘根系着生分布状

超过40℃时对根系生长不利，12月以后气温较低，根系生长缓慢、停顿。番木瓜的根系生长除受温度影响外，土壤湿度的影响也不可忽视，番木瓜的吸收根多分布在土表层，根系浅生，要求土壤不能过干或过湿，更不耐水浸。果园在水中浸5小时以上，其根系生长将受影响，而根系与地上部分生长相联系，土壤积水，缺氧，根的生长受抑制，引起叶片凋萎、脱落，严重时造成落花、落果，甚至引起植株死亡。干旱也对番木瓜根系生长有影响，如在闽南地区，7月、8月一个星期以上没有下雨，果园没有浇水，番木瓜叶片很快凋萎黄化，逐渐脱落。番木瓜是肉质性根系，根系具有好气性，而且根系分布较浅，既不耐涝也不耐旱，因此番木瓜需较多水分且要求土壤通气良好，如果长时间被水浸，通气不良即死。因此番木瓜适宜在土层深厚、疏松、肥沃、排水良好，地下水位低的环境种植，若地势较低或者地下水位高，应墩高畦挖深沟，借此降低水位，为根系发育创造良好条件。

根系在田间生长分布状

二、茎干及其特性

番木瓜的茎干直立，植株茎中空，茎干高度可达 12 米以上，顶端优势很强，较少有分支，当顶芽冻死或切去顶芽或植株上部，则易抽生侧枝。番木瓜幼年期为肉质茎，组织幼嫩，主要靠细胞膨压维持直立姿态。若定植幼苗时过多损伤根系，造成吸水能力小于蒸腾作用，会使顶部叶片凋萎下垂，甚至不再恢复直立。成年树在夏、秋生长迅速的季节所形成的茎，在叶柄部形成“膈”，两膈之间中空形成节，冬季生长缓慢，茎伸长极少，节密，“膈”连在一起，所以茎中空现象不明显。

番木瓜茎干直立分枝少

叶柄脱落处潜伏芽

茎中形成“膈”

茎干仅表皮木质化，中间肉质空心，容易折断，矮化便于管理和防风，高干结果迟，不抗风。如果过度密植，会造成植株徒长，开花结果少。番木瓜茎的高矮及生长速度，因不同品种，不同地区气候，不同栽培管理条件而有明显区别。在同一条件下，雌株生长最慢，雄株生长最快，两性株介于两者之间。

一年生茎形成肉质空心

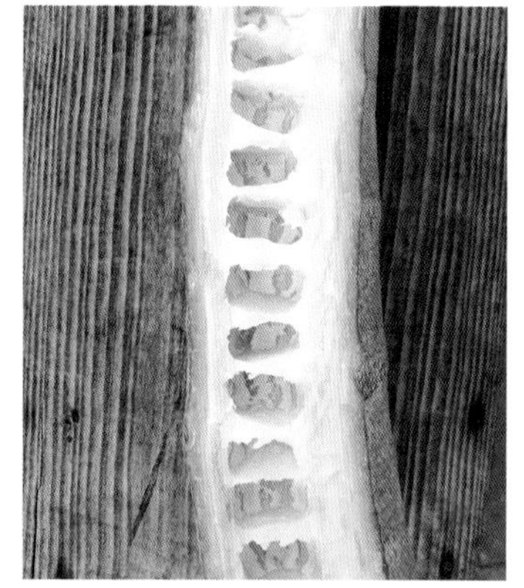

茎中空肉质

番木瓜顶芽生长正常时，侧芽受抑制，但较老的植株可抽生侧枝，甚至在侧枝上再抽生第二次枝、第三次枝。侧枝也有开花能力，但产量低，品质差。在冬季气温较低或有霜冻时，顶芽生长就受影响或冻死，而侧芽仍有萌动和恢复生长能力。如果冬季顶芽被冻死，当春季气温回升时，在地面上 60～100 厘米处砍断茎干，则留存茎干的侧芽仍会抽生成新茎干，并开花结果。在多年生树栽培管理上，可以根据这一特点，进行树体矮化，特别是两生年果园，节省种植成本，产量又有保障。而对一些优良品种资源，通过砍茎矮化，进行资源保存。茎干的粗细及色泽与品种、种植时期、栽培管理及植株的生长状况有关。同一品种，茎的粗度可作为管理水平高低的衡量指标之一。在营养条件良好时，茎干粗壮，缺肥或干旱时，茎干生长缓慢，叶柄变短，叶片变小，易间歇结果，特别是在下部坐果多的情况下，茎干上部容易形成“鼠尾”现象，一旦发生，较难恢复，故要保持水肥均衡供应，以保证植株正常生长，增加产量。

番木瓜茎干的表皮上有明显的叶柄脱落痕迹，由于夏季气温较高，植株茎干生长快，叶痕迹的距离亦较长，而冬季气温较低，茎干生长缓慢，叶痕所留的叶痕较密。冬季过后，春季气温回升，茎干生长又变快，其叶痕迹距离又会拉长，根据叶痕的大小和疏密，可以判断树势，树龄及种植季节。一年生番木瓜的茎可高达 2 米，偏施氮肥会使植株过高，降低抗风能力。广州一般栽培条件下，春植

多年生植株抽生侧枝结果

后当年的 5—8 月，茎生长速度最快，每月平均可增长约 40 厘米，9—10 月为 15 厘米，11 月至翌年 4 月小于 3 厘米。叶痕距离即节间距可反映植株的生长速度，节间距大表明植株生长速度快。育种上尽量要求番木瓜植株矮壮，这样有利于早结果、增强抗风性，也方便田间管理。在栽培技术可以进行斜植、斜拉或十字环割，这样有利于抑制植株长高，还可以增粗树干，提高挂果量。同一品种在同一环境条件和栽培条件下，两性株生长较快，雌性株生长较慢。

茎表面叶柄脱落痕迹

三、侧芽及其特点

番木瓜植株存在很强的顶端优势，位于叶柄处的侧芽潜伏期很长，在植株顶端着生的顶芽具有不断生长的特点。茎干上每一节着生一片叶，每节均有花芽和腋芽在叶柄着生处，花芽发育后便开花结果，腋芽多呈潜伏状态。除去顶芽后侧芽抽生形成侧枝。

侧芽抽生侧枝结果

四、叶及其特点

番木瓜由种子萌发抽出的子叶呈椭圆形，第一、二片真叶呈三角形，从第四、五片叶开始呈三出掌状深裂，第九、十片叶出现五出掌状深裂。成龄植株叶大，为 5～7 出掌状深裂，叶缘带锯齿状缺刻。叶色浓绿或绿，叶柄长且中空，叶柄绿或紫，这些均因植株生长状态不同而存在差异，颜色因品种和气候条件的不同而有差异。叶片自茎顶部长出，互生，叶柄中空，长可达 100 厘米。茎向上生长过程中，新叶不断长出，下部老叶则渐枯黄脱落。叶片由长出到成熟，需 20 天（夏季）30 天以上（冬季），叶片寿命一般为 4～6 个月，老叶脱落后，留下明显叶痕。但气候、栽培管理及病虫为害等因素均有影响，使单株的叶片数有明显差异。广州地区栽培的番木瓜，绿叶数通常为 25～35 片。如广州地区春植至当年年底可长出总叶片数 80～90 片。一般认为，每个果实需要 1 片以上的叶片供给养分，才能正常发育，而丰产树每片叶可供养果实 2 个以上，故栽培上应避免水分胁迫，以延缓叶片的衰老，避免过早脱落，这对于果实发育和品质至关重要。

子叶椭圆形

第一片真叶呈三角形

四、五片真叶呈三出掌缺刻

成叶龄七出掌缺刻

叶生长发育过程

叶柄中空

五、花性及株性

1. 花性

番木瓜的花是由着叶腋处抽生，随着植株进入生殖生长，每个叶腋均会抽生花芽并形成花蕾，每个叶着生有单花，多花和花序。花性相对复杂。依花的雌雄蕊数目及发育情况、花形、花瓣大小、形状等，可分为 3 个基本类型 5 种花性。3 种基本类型分别是雌花、雄花和两性花，其中两性花又可分为长圆形两性花、雌型两性花和雄型两性花。

花序

花芽在叶腋着生

（1）雌花

花单生或以聚伞花序着生于叶腋。花型大，花瓣五裂相互分离，子房肥大，雄蕊退化，由 5 个心皮组成，子房发育的果实多呈圆球形，梨形或椭圆形，果腔大，果肉薄，授粉好一般种子较多，可能会因气候原因影响授粉而没有种子或种子很少。

雌花不同形状

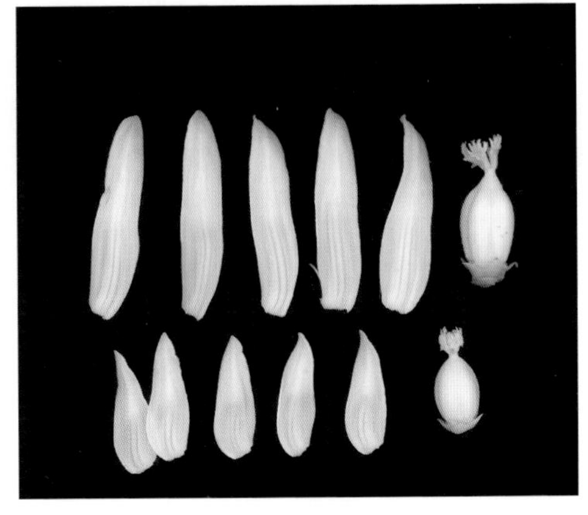
雌花花瓣形状

（2）雄花

花型小，花瓣上部 5 裂，下部呈管状，具有 10 枚雄蕊，子房退化成针状，缺失柱头，不能结果。

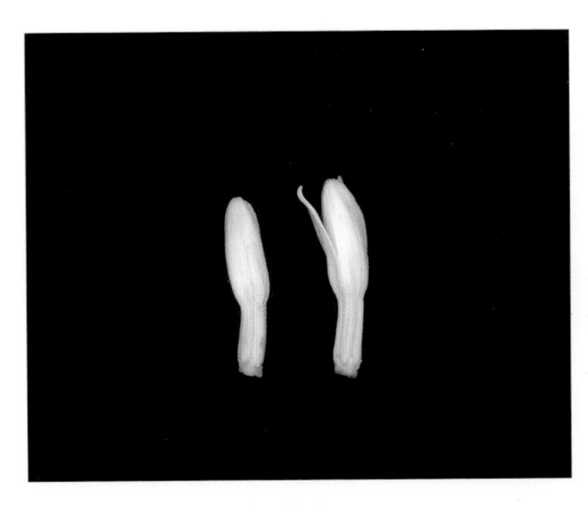
雄花形状

雄花雄蕊着生状

（3）两性花

两性花以聚伞花序着生于叶腋，每个花序可分 1～3 丛小花序，小花序中部为两性花，两边为雄花，根据花朵大小，形状以及雌蕊的发育情况，可将两性花分为以下类型。

五种花型在始花期的形状

长圆形两性花：为主要结果花，花中等大，花瓣 5 裂，雄蕊 5～10 枚，子房长圆形，发育的果实肉厚果腔较小，单果最重，是主要商品果。

长圆形两性花

长圆形两性花雄蕊着生状

雌性两性花：花较大，比雌花略小，形状不正而易于识别，花瓣 5 裂，雄蕊 1～5 枚，子房有棱或畸形，发育的果实带棱形或畸形，果肉厚薄不均匀，初坐果时出现穿孔或错位而暴露果腔的果应立即摘除，以免影响其他果实生长。

雄性两性花：花较小，但比雄花稍大，花瓣 5 裂，下部连成管状，子房发育成圆柱形或退化。有雄蕊 10 枚，果实细小或畸形，也有呈牛角形，果腔小，肉厚，种子很少。

雌性两性花

雄性两性花

另外，番木瓜花瓣一般都是 5 瓣，发现番木瓜个别花瓣有 4 个或 6 个的。

6 花瓣　　4 花瓣

2. 株性

依据基本花型，番木瓜植株性别分为雌株、雄株、两性株 3 种基本类型。幼苗时期的植株不具有性别的特征，没有特定的生殖细胞，不能从形态上判定性别，只有经过分化和发育性器官形成后，方能区分植株的性别。

（1）雌株

雌株

全年只开雌花，花性稳定，少受环境影响，群体性比合理，结果能力强，是构成产量的主要株型，但是其果肉较薄，单果轻。因花性稳定，有些国家把它作为生产上的主要的株型。在自然状况下，不经授粉和受精的过程，子房发育结成无核果实，这是天然的单性结果，这种果实小，无充实的种子，近顶部果肉薄，品质差。

（2）雄株

全年只开雄花，花性稳定。雄株包括短柄雄花株和长柄雄花株。短柄雄花株的雄花成丛状，着生由叶腋抽出的长 1～2 厘米的花柄上。长柄雄花株的雄花呈丛状，着生在由叶腋抽出的长 10～90 厘米的花柄上，为总状花序。雄株生长较快，在果园中最早现蕾开花，但不能结果。个别健壮植株在花序末端有雌花会结 1～2 个果实。雄株虽然不能结果，但可作为绿化观赏用，特别是长柄雄花株，观赏效果相当好，如美国把它作为绿化行道树。

长柄雄花株

长柄雄株结果状

短柄雄花株

（3）两性株

受环境影响开各种类型的花。在温度逐步升高的条件下，开花顺序为：由雌性两性花到开长圆形两性花，再转变为开雄性两性花。相反，随着温度逐渐降低，由先开雄性两性花及短柄雄花到开长圆形两性花，再转变为开雌性两性花，表现出高温趋雄的特点。

两性花受环境影响大，气候条件、栽培技术、土壤条件等均会导致花性变化。两性株花性受环境影响而不稳定，结果能力不如雌株，但单果较重、果腔小、果肉厚、品质也较好，深受消费者欢迎，市场售价高，在生产上受大多数果农欢迎。

两性株

六、果实及其特性

番木瓜的果实为浆果，含水量约 90%；未成熟的番木瓜富含白色乳汁，其主要成分为蛋白酶。番木瓜的果形有长圆形、椭圆形、梨形等，以梨形果和长圆形果的品质及商品性最佳。高温干旱、低温阴雨、坐果过密、肥水缺乏和药害等，均可引进落花落果。高温、光照足，番木瓜果实生长、发育快，其中果实增重最快的时期是开花后 62～82 天；从开花至果实成熟所需天数，因开花时间不同而异，如4 月上旬开花的，约经 180 天成熟；4 月下旬开花的，经 160～170 天成熟；6 月上旬开花的，仅需用 100～120 天成熟；9 月以后开花的，要 180～210 天才成熟。低温使果实发育期延长，且果肉有明显苦味，品质较差。但有的品种却相反，适当低温品质更好，如台农五号。

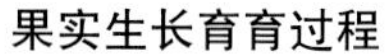

果实生长育育过程

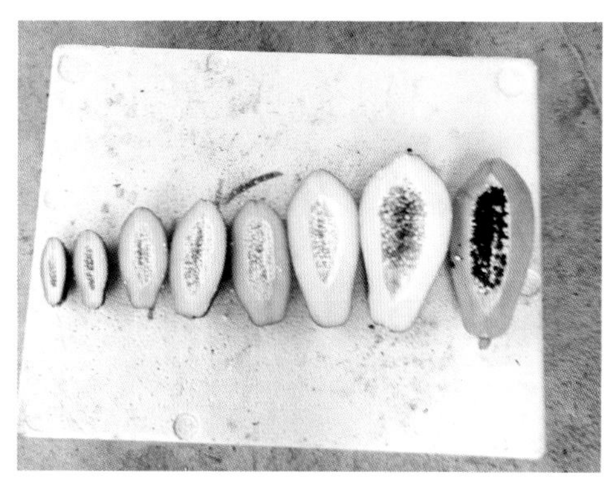

果实各生长期剖面

成熟果实

七、种子及其特性

种子着生于果腔里，种脐一端连接在维管束端的乳状突起上，维管束与内果皮汇聚为一层白色的网膜，紧贴着中果皮即果肉。成熟种子呈黄褐色或黑色，外种皮由一层透明胶质的假种皮所包围，种子晾干后呈皱褶：种子多少与雌蕊发育、授粉受精及外界环境有关。单果种子粒数最少仅数粒，最多达 1 000 多粒；留种要选取坐果好的两性株，并取两性花的花粉人工授粉，并待果实黄熟过半后采果，后熟至全黄熟时才剖取种子。每克干种子 70～75 粒，新种子发芽率好，旧种子发芽率差；一般情况下种子寿命较短，经密封常温下贮藏 1 年多的种子，其发芽率都在 70% 以下。种子发芽适温为 28～35℃，低于 23℃或高于 44℃均对种子发芽不利，以白天气温 35℃、夜间气温 26℃时发芽最快，故种子最适宜的催芽温度为 33～35℃。

番木瓜种子发育的过程如下。

前期：受精后种子体积迅速增大，似圆形水泡，中空有汁，重量增加很少。

中期：种子体积增大开始减慢，胚开始发育膨大，内部逐渐充实，种壳也渐渐变硬，颜色由白色变为微黄色，以至于黄褐色，但胚尚未成熟，种子仍无发芽能力。

后期：体积增长渐停，种子渐渐充实成熟，硬度增加，颜色变成黄褐色或黑色，种皮外出现皱褶有微坑，有假种皮包裹住，种子发芽率也逐渐提高，雌花果实种子成熟稍迟。

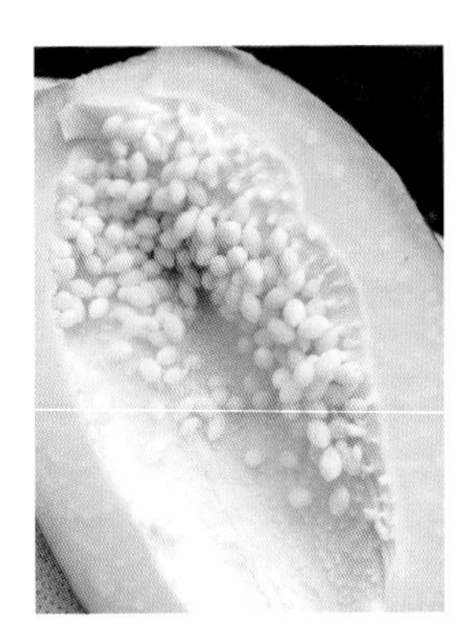

种子在果腔着生状

种子发育初期

种子发育后期

番木瓜生长的环境条件

一、温度

番木瓜是热带果树，喜爱炎热气候，生长适合温度为25～32℃，月平均温度在16℃以上，生长、结实、产量、品质才能正常。在10℃左右条件下，生长受抑制，5℃以下幼嫩器官开始出现冻害现象，-4℃的低温会冻死番木瓜。因此，在育苗期及秋植田要用薄膜覆盖保温，温度太低时还要加温或加稻草保温，当温度在35℃以上时，花朵发育受影响，又出现趋雄现象，引起大量的落花落果，影响产量。番木瓜不耐霜冻，在有霜冻的地区，应注意防寒，烟熏防霜是非常有效的办法之一。

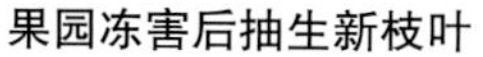
果园冻害后抽生新枝叶

果园防霜

霜冻对番木瓜的危害大过低温的影响，其受害程度的轻重与结冰强度的大小及解冻过程有关，若解冻迅速，水分很快蒸发掉，使细胞来不及收回所失去的水分，因而造成器官干枯，受害程度就比较严重；如果解冻过程缓慢，细胞能逐渐收回所失去的水分，从而恢复了器官的生命活动，受害程度就比较轻。此外，霜冻的轻重与番木瓜所在地理位置及果园的朝向有很大的关系。在低处山坳的地方受害严重，这与霜降沉积有关，而朝东和朝东北一面的植株受害较重，说明太阳的直射和气温的明显回升也使其受害较重。而空气流动大的地方及水塘边受害较轻。温度不但对番木瓜的生长很重要，对果实的发育、果实的品质都有一定的影响。果实发育前期处于较高温度条件下，如5—7月开花，9—11月成熟，果实糖分高，风味好，品质佳。如果果实发育的中后期处于低温条件，如9—10月开花，第二年3—4月收获的果实，由于中期经常遇到低温天气甚至霜冻，因此，肉质硬，味道淡甚至苦涩，品质最差。如果果实发育前处于低温条件，而中后期处于较高温度下，例如11月开花，第二年5—6月成熟的果实，其果肉尚能软化，因而含糖分略高，风味也较好。如果栽种地区处于热带，常年温度都较高，果实的品质就不会出现明显的差异。

温度条件对番木瓜的影响是多方面的，可以直接影响到番木瓜的生长速度、器官大小、寿命，以及花期、坐果率、果实大小和品质等。在广州地区，果实从谢花到成熟所需要的时间，4月下旬开花的为120～150天：6月开花的由于温度升高，只需110～120天；9月以后，由于温度逐渐下降，10月开花的要180天以上才能成熟。土壤温度对番木瓜的生长也有一定影响。在冬季，提高地温对增加植株抗寒性有一定的作用，特别是幼苗期更应注意提高地温。

二、光照

番木瓜是喜光果树，需充足的光照。光照强的条件下，植株矮壮，根茎粗，节间短，叶片厚实。若在室内栽培光照强度应在20 000～40 000勒克斯，不能低于12 000勒克斯。若环境荫蔽或种植过密，植株徒长、纤弱、节间长、花芽分化不良，成花差，落花、落果、果小，产量低，品质差。国外研究认为，番木瓜果实在树上完全成熟的最后4～5天阳光充足，品质最好。因此，在年周期中均要求充足的阳光，以利于光合作用制造，积累更多的有机物质，供生长、开花结果及果实发育，最终提高果实品质。所以要选择向阳地方建果园，并合理种植，及时清除枯叶等。

三、风

番木瓜根肉质且浅，茎肉质中空仅表层半木质化，叶大且脆，果实多负荷大，因此极怕大风，特别是台风。轻则叶裂碎、落果、植株吹倒，重则折断或整株拔起。大风、台风危害是番木瓜栽培的重要自然灾害，这在沿海地区尤为严重。此外，春季的干热风害和冬季的寒风对番木瓜的影响也不可忽视，栽培上要考虑这些影响因素并加以克服。

果园台风为害培土

撑杆防风

四、水分和氧气

番木瓜正常生长需要充足而均衡的土壤水分，水量充沛，降水均匀的环境。番木瓜对土壤含水量和空气湿度反应也很敏感，如果土壤水分不足，植株生长缓慢，纤瘦，叶片萎焉的时间提前，恢复期推迟。严重缺水时，叶片萎焉。如果开花结果盛期缺少水分，则影响植株生长，并出现落花落果和落叶现象。虽然番木瓜对水分需要较大，由于根系浅生和具好氧性，土壤积水和地下水位过高，又会引起烂根。当地下水位高时，土壤空隙充满了水，排出了空气，根系得不到充分的氧气供应，生长受到明显的阻碍，而根系发育不好，必然影响地上部的生长发育。如果积水严重，容易引起须根死亡和基部叶片枯黄脱落，严重的还会造成落花、落果，甚至整株死亡。

果园灌溉系统

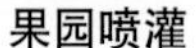

果园喷灌

果园涝害

五、土壤

番木瓜对土壤的适应性很广，宜选择土壤疏松、土层深厚、富含有机质、地下水位低、pH 值 6～6.5、通气良好的沙壤土或沙质壤土才能使番木瓜生长好、产量高。如土壤 pH 值低于 5.5 时，可施用石灰，效果较好。板结土壤种植番木瓜，特别要注意增加有机质，保持湿润，防止土层开裂拉断肉质根。土壤 pH 值高于 7.5 时，也不适宜番木瓜生长。不管是什么类型的土壤，都必须满足土质疏松、透气性良好、地下水位低等条件。

土质、土壤透气性要求

番木瓜的根结构和根群的分布状态都说明，番木瓜根系的呼吸作用比较强，对土壤中的空气需求量较大，对土壤的空气含量也比较敏感。比如连续几天下雨，新生的须根会迅速露出表土，这就是根系对土壤缺乏空气的反应。根系对养分的吸收需要消耗相当的能量，能量来源由根系的呼吸作用提供。所以，当根的呼吸作用受阻时，就会影响对养分的吸收。只有在一定的透气条件下，才能保证根系进行正常的生命活动。在畦面积水或水淹果园时，土壤孔隙充满水而缺少空气，根系因缺少氧气需窒息死亡，严重的还会造成整株死亡。如植株在水中淹 8 小时上以，就会凋萎，20 小时就会死亡。

疏松透气性好的红壤土

红壤土种植番木瓜根系发达

土壤的透气性还直接影响到根系的生长和分布状态。在结构良好、土壤肥沃果园中，植株生长健壮，根系发达，须根多，寿命长，根系分布范围广而扎入土层深。反之，如在土壤板结的果园中，根系发育不好，须根少，寿命短，分布在土壤的浅层。

番木瓜育苗技术

番木瓜在生产上，大多数果农采用实生育苗，在严格选种的基础上采种，培养矮化壮苗，还可以用无性繁殖包括组织培养和扦插育苗。扦插繁殖由于繁殖量有限而较少使用，组织培养育苗随着组织培养技术的不断完善和发展，从仅限于实验室阶段，培养少量组织培养苗，到大量生产，这方面广东省做得很成功，可能批量生产组培苗。这里重点介绍常用的种子育苗和组织培养育苗。

番木瓜主要采用实生法育苗，即种子育苗，在严格选种的基础上采种，培养壮苗，下面介绍常用的实生育苗技术。

一、选地及苗床准备

番木瓜幼苗忌水，怕霜冻，尤其怕冷湿。因此，育苗地应选择地势较高、排灌方便、背北向南、阳光充足的地方。由于番木瓜花叶病毒可通过蚜虫和接触传染，故苗地应选择远离旧番木瓜园的地方，并与葫芦科及红蜘蛛喜食作物的园地距离 500 米以上。也可以在玻璃温室或塑料大棚里内育苗。

苗床准备

二、营养袋选择及营养土配制

要达到提早种植，速生快长的效果，定植时少伤根，同时苗期管理方便，省地省工省成本，用营养袋育苗是较好的方法。用黑色直径 10～12 厘米、高 14～18 厘米、底部开 2～4 个直径约 1 厘米的小孔营养袋，也可用专用育苗杯或育苗盘育苗。营养土用比较肥沃的田土加火烧土，有条件的，可用营养土为 35% 台湾二号育苗土 +35% 田土 +15% 火烧土 +15% 腐熟的有机肥，混匀，并用 70% 甲基托布津溶液浇淋消毒后备用。

育苗盘上土

营养袋育苗

三、种子处理及播种育苗

福州地区 1 月播种，漳州地区 9 月上旬播种，播种前用甲基托布津 500 倍溶液浸种半小时，捞出后用清水洗净，用清水侵种 10～12 小时，洗净后再用 1% 小苏打溶液浸种 5～8 小时，捞出后用清水洗净放进恒温箱催芽（温度控制在 34℃左右），注意保持种子湿度，不能过湿，也不能过干，种子露白后播种。经过浸种催芽后播种，发芽率高且出苗整齐，我们通过 5 年的实验，经过处理后种子的发芽率达到 85% 以上，没有处理的发芽率一般为 5%～20%。

播种方法：每袋播种 2～3 粒，播后覆盖一层薄细泥或火烧土，以刚覆盖种子为宜，约 1 厘米厚。然后淋水，再盖薄膜，温度控制 25～40℃，不低于 10℃。幼苗拱起后控制苗棚温度在 20～35℃，并及时搭好小拱棚，秋播苗于 10 月上中旬到 10 月下旬播种，苗期达到 4 个月以上。春播于 2 月中旬到 2 月下旬播种，苗期 40～60 天。要经常保持营养袋内土壤湿润，但不能过湿。

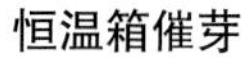
恒温箱催芽

种子露白后播种

播种

搭小拱棚盖薄膜

四、苗期管理

秋播苗必须经过越冬，到翌年春定植，秋播种管理主要是控制好温、湿度及合理施肥喷药。番木瓜苗的生长温度为 15～35℃，因此，冬季必须搭拱棚加盖薄膜防寒保温。播种后要保持土壤湿润，当幼苗长出 2～3 片真叶时，适当减少水分，防止徒长和感染病害。苗棚内适温为 20～25℃，不能高于 35℃，也不能低于 5℃，所以每天上午 10 时左右在强烈阳光照射时，注意把薄膜揭开通风，苗棚内温度不能太高，下午 5 时后重新把薄膜盖上，使晚上温度有所提高，起到保温防寒的作用。这期间要进行间苗和补苗。当幼苗长出 4～6 片真叶时，可用 0.1%～0.5% 的氮、磷、钾复合肥淋肥，以后每周淋施 1 次，并适当增施磷、钾肥。促使茎干增粗，叶片增厚，抗寒能力逐渐提高，幼苗刚出真叶时最易受冻，

5 片真叶后抗寒能力逐步增强，此时可以开始逐步炼苗，温度 10℃以上，可以揭膜或开窗，7～9 叶片时即可出苗。由于用营养袋育苗时营养土较少，随着小苗生长，吸水量增加，营养袋水分容易干，应保持营养袋中土壤持水量的 70% 左右。营养袋土表发白时，应及时浇水，否则会影响发芽及小苗生长。番木瓜苗期易受蚜虫、红蜘蛛为害，可用 10% 吡虫啉 1 500～2 000 倍液喷施。苗期管理主要是水肥管理及病虫害防治。

幼苗小拱棚薄膜覆盖

可出圃定植的苗木

番木瓜设施栽培技术

近几年，随着设施农业的不断发展，番木瓜引入北方进行设施栽培获得成功。南果北移发展蒸蒸日上，目前南方热带水果在北方的种植种类多，番木瓜只是其中之一。随着人民对营养保健果品的重视，番木瓜设施栽培将有广阔的发展前景。

设施栽培的类型可分为冬暖式温棚、大棚、温室等方式种植。

一、设施选择

在北方进行番木瓜的设施栽培，设施应选择保温性能较好塑料日光温室，日光温室要求空间较大。高 3.5 米、跨度 8 米以上。保温效果冬季最冷月室内温度要求达到 8℃以上。冬季连续几天阴天下雪，须采取加温措施。番木瓜在一般土壤上均可种植，但种在排水良好、肥沃、疏松的中性沙壤土或壤土产量高、品质好。在旱地低洼积水地、沙土或重黏土地种植，生长不良，产量低。

日光温棚

地面盖黑色地膜

冬暖式玻璃棚

二、品种选择

在温室栽培，品种选择要求矮杆品种或杂交种，要求瓜形美、糖分极高，耐贮运，抗寒性强，丰产性好的品种。以鲜食为主，果个以小果型为好，如日升、红妃、台农2号、马来西亚10号、红铃、美中红。

三、播种育苗

设施栽培番木瓜一般应以秋季播种为好，春播当年难以有果实采收，在8月中旬至9月中旬播种育苗，到入冬时已培育成高度20～25厘米，具10～12片完全展开叶的中苗，才有利于安全越冬。由于番木瓜生长对温度、光照要求严格，小苗和冬季育苗的越冬成活率相对较低。如果不追求当年播种、当年采收则可以在春夏季的3—5月播种。播种前对番木瓜种子要进行消毒处理，避免从产地带进病虫害，可用55～60℃的温度浸泡消毒15分钟或70%甲基托布津800倍液消毒20分钟，再用温水浸种18～24小时，让种子充分吸水。浸种后将种子用湿纱布或湿无纺布包裹，置于35℃的恒温恒湿条件下催芽，每隔8～10小时检查一次，视干湿情况适当喷洒温水或淘洗，待种壳开裂露出白色根尖时，分拣出置于20～22℃的湿润环境中，待大部分种子露白时一起播种。经高温催芽的种子发芽出苗整齐，否则，出苗时间可长达一个月以上，给育苗管理带来难度。

播种育苗土营养土的配制，用草炭土∶珍珠岩∶蛭石＝5∶3∶2，100千克营养土，0.5千克多菌灵粉剂，调配均匀，即可装营养钵。营养钵可选用口径12

厘米的黑色软体塑料杯或育苗杯。营养钵装好后可放入宽 1.2 厘米、长 8 米的苗床中。苗床深挖 10～12 厘米。将装好的营养钵整齐摆放，然后浇透水，晾一天即可播种。播种时的覆土厚度不要超过 1 厘米，保持苗土湿润，苗床温度保证在 25～28℃为宜，低于 12℃和高于 35℃对幼苗生长均不利。所以，秋季刚出苗时要注意预防高温伤苗，入冬后要适当进行加温，必要时还应进行苗床补光。从幼苗长出 2～3 片真叶开始，加强苗床管理，及时清除杂草，每天上午喷一次清水。土壤保持湿润，但也要防积水，避免引起烂根。每隔 7 天喷一次营养液，一个月后每隔 5～7 天喷一次营养液，减少喷清水的次数 . 如用 0.1%～0.15% 的尿素加 0.15% 的磷酸二氢钾水溶液淋施等。苗期管理 3 个月即可在温室中进行。

四、定植

1. 土壤的选择

番木瓜根系为肉质根，对土壤的透气性要求较高，和地上部叶片一样，对有害气体非常敏感。温室优质高产栽培必须选择土质疏松、地下水位较低、土层厚的沙质壤土，有机质含量丰富，透气性好，pH 值在 6～7 为好。黏质土透气性差，灌水时易积水烂根，干燥时易开裂扯断根系。土壤透气不良时不利于根部有害体的排放，容易引起根系的毒害而烂根。

最好是春季定植，定植前，每亩施腐熟有机肥 4 000 千克，过磷酸钙 150 千克，硫酸钾 15 千克。和适量的硼肥（番木瓜对硼敏感）。行向为南北向，密度以 2.5 米 ×2.0 米为宜。同时穴施 15 千克优质圈肥，与土壤拌匀，每穴 1 株，培起碟形土堆，定植时，先挖穴至适当深度，将植株根部放入穴内填平穴后再浇水。栽植不可过深，露出根茎部，以免基部腐烂。雨季栽植穴面要稍高于畦面利排水。定植苗多为营养钵苗，应尽量不要弄松营养土，做到不伤根，不露根。雨季用塑料袋围在幼苗周围，防蜗牛为害和寒害缓苗后浇 1 次小水（可将植株行培成 60 厘米宽的畦沟浇水）后进行中耕。蹲苗中耕时要先深后浅，靠近植株基部浅，远离基部深，当植林长到高 50 厘米左右时，追一次提苗肥，可随水冲施尿素 15 千克 /667 平方米。

2. 矮化技术

番木瓜由于生长速度快。植株高大，温室高度有限，生长受限制。所以需要卧植技术。具体做法是，当植株长到 1.5m 左右时。把土地浇透水然后用手握住主干离地约 1.5 米处，向东（或一侧）慢慢按倒在斜度 40°～45° 即可。或用包装绳斜拉 45°～50° 固定，包装绳用竹桩固定在畦中间。等到栽植后期树头顶温室膜时，可用粗网绳一头系在东邻一株基部。另一头系在木瓜的上中部已木质化位置。然后在绳子与主干之间放一纸壳收紧绳子，拽紧。既达到矮化的目的，又能提高坐果率。但切忌拴未木质化的头部。以防拉断主干。斜栽是在种植时苗顺着风的方向 45° 种。斜拉矮化栽培技术为小苗长到 40～50 厘米时，朝着畦的顺风方向用包装绳斜拉 45°～50° 固定，包装绳用竹桩固定在畦中间。

大棚矮化斜拉种植

五、栽培管理及大棚管理

1. 温度管理

番木瓜喜炎热气候，生长适温为 25～32℃，月平均最低气温在 16℃以上。10℃左右植株生长受到抑制，5℃以下幼嫩器官发生冻害，35℃以上高温要适当控制。果实发育前期处于高温，果实糖分高，风味好，品质佳。低温使果实变硬、味淡、变苦。每年 10 月上旬将温室的塑料和草帘上好，翌年的 6—7 月，当外界气温升高以后，再撤除塑料薄膜和草帘，番木瓜可以进行露地生长。

大棚内挂湿温计调控温湿度

2. 温室管理

温度管理：各个生长时期所需的温度不一样。花芽分化形成期20～30℃，果实生长膨大期25～32℃，根系生长适宜的温度是20～25℃，在夜间地温不能低于12℃，白天气温不能高于40℃；开花期番木瓜对低温的抵抗能力很弱。故夜间棚内温度不能低于15℃，白天不能高于35℃，最适宜开花坐果的温度是25～32℃。如果温度过高，必须放风调节，以充分提高坐果率，减轻落花落果。当外界气温适宜番木瓜生长时可完全揭去薄膜，一般在6月上中旬气温达到27～28℃时揭为好，揭膜以后，要进行正常管理。

湿度管理：通常温室湿度保持60%～80%最为适宜。在幼树生长发育期，一般在40%左右；应在幼株喷洒清水或营养液；开花坐果期，一般要控制浇水；空气湿度保持在50%～60%为宜；幼果膨大期，需要随水冲肥，提高湿度增加肥力。

高温揭膜

低温扣膜

水帘调湿降温

微喷调湿降温

3. 光照管理

番木瓜对光照要求比较高，光照强植株矮、根茎粗、节间短、叶片宽大厚实，光照不足条件下栽培茎干较细，节间和叶柄长，叶片薄，花芽发育不良，坐果少，果实小。在果实成熟时光照欠缺则果实品质受影响。所以，高产优质栽培时最好选择光照条件好的日光温室或连栋玻璃温室进行栽培。室内光照度应保证在 20 000～40 000 勒克斯，不能低于 12 000 勒克斯。北方日光温室栽培时，5—9 月可以揭开棚膜，实行露天栽培，以增强光照和降低温度，但在 7 月、8 月的高温强光季节，要考虑适当遮阳，避免果实受日灼而影响品质。

4. 扣膜技术

棚膜一般是在霜降前 20～30 天（10 月中旬）开始扣棚膜。扣棚时间宜选晴暖无风的早晨或中午。扣棚时可将粘好的薄膜先从上风头的一侧摆放好，然后向另一侧展开，盖住全棚之后，可先用土将北端的薄膜埋好固定，然后在棚南端由数人用光滑的竹竿或木棍卷住薄膜用力拽平，使薄膜绷紧，再用土埋好棚膜的边缘，将土踩实。最后在大棚两端各 10～15 人用光滑的竹竿卷住薄膜用力拽平，直到薄膜在棚面上整平为止，然后固定在棚的两端。

5. 肥水管理

番木瓜是一种温室四季栽培陆续开花继续结果的作物。番木瓜正常生长需要充足而均衡的土壤水分，但土壤积水和地下水位过高，会引起拦根。番木瓜定植后浇好定植水，覆膜进行保温，促进根系恢复生长。以后根据植株长势和生长的季节进行合理的浇水，冬春季节和雨季要避免积水，夏秋高温季节要避免干旱缺水，在生长结果旺盛时缺水会导致果实外观和品质变劣。根据叶色和生长结果情况及时进行追肥，前期追肥宜适量，后期要加强，追肥宜开环状沟施或土表撒施后松土，追肥后必须结台浇水，以利于根系及时吸收。每次每株番木瓜可追施 2～3 千克腐熟鸡粪或饼肥，加 0.15～0.2 千克硫酸钾、0.1～0.5 千克尿素。一般定植后 10～15 天新根发生，开始施肥。在 2 个月内每 7～15 天追肥一次，以后每 20～30 天追肥一次，用 3∶7 的稀人粪尿少施勤施。植株壮大以后，可逐渐提高浓度。开花结果后，植株对磷、钾肥的需要有所增加。一般有 22～26 片叶时开花。挂果前防止偏施氮肥。果实膨大期每隔 10～15 天施 1 次速效性复合肥，特别是有 6～10 个果实同时发育时，在每月施肥中酌量加入磷、钾肥，同时进行根外追肥。每周施一次叶面肥。在中强肥水管理下，5—6 月开花。9—10 月便大量采收。缺硼地区还在花期喷施 0.2%～0.5% 硼砂，或每株施硼砂 3～5 克。

6. 植株管理

幼树叶腋长出的腋芽会消耗水分和养分，延迟开花结果，阻碍通风透气，且易生病虫害，应在晴天时及早摘除。先摘除无病虫害植株的腋芽，再摘除病株的腋芽，避免病毒传播，结果期间应及时将授粉不良、形状畸形、发生病虫害和过分拥挤的果实摘除。如树长势衰弱，应进行疏果，将下面一段小果摘除，使植株合理负载。下部枯老叶易诱发病虫害，遇大风会刺伤果皮呈伤疤，影响商品质量；老叶光台作用衰退，为避免消耗营养，增加通风和日照，减少病虫害，应随时割除，但要及时销毁，避免土茎染病腐烂。

除侧芽

及时摘除黄叶

设立柱防倒：大风雨易刮倒树干及动摇根部，引起根部腐烂，应在初夏时设立支柱，用塑料绳绑在主干上，立柱应在上风处，并离主于 30 厘米以外，免碰伤果实。

立杆防倒

7. 花果管理

番木瓜的花性和株性都很不稳定，特别是植株生长过旺，光照不足或气温过低时坐果也困难，因此温室栽培最好进行人工授粉，以提高结实率，人工授粉宜在早上 10 时之前，用镊子将当天散粉花朵上的花粉收集于玻璃器皿上，然后用毛笔将花粉粘在雌花或两性花柱头上，不用套袋。每天上午对当天开放的花朵进行授粉。番木瓜在树干叶腋间萌发着生花芽，为了减少养分消耗，侧芽要摘除，植株开始产生花芽后一般就不形成腋芽，但对每一叶腋间的花朵数也需进行控制，一般先保留 1～2 朵花，对过多花序进行摘除，坐果后选留一个果形好的果实，摘除畸形果和病虫果，每一叶腋只留一个果，最多留 2 个。单株平均留果 20～25 个。疏果宜在晴天午后进行。生长过程中要经常剪除老化、黄化、病虫为害的叶片，保持植株健康生长。在进行修剪、疏花、疏果及授粉时一定要细心操作，避免尖锐器具触伤果实表皮，引起流胶和结痂，影响果实商品外观。

及时疏花

及时疏幼果

8. 采收

番木瓜从开花到果实成熟的时间因坐果的季节和品种的不同而差距很大，无法用时间来判断果实的成熟期。一般以果实表皮开始出现黄色条纹和斑点时，表明果实已开始进入成熟期，可以采摘。番木瓜青果果肉坚硬，不宜作水果食用，采摘下来也难以后熟。作水果鲜食必须待果实表明出现黄色条纹时才能采收。就地销售的果实更要到果实表皮出现三成黄时采收最为适宜。采收时手托果实向上提或向单方向旋转，或用剪刀连果柄一起剪下。由于成熟果实果肉变软、表皮变薄，容易受伤，所以采收时应格外细心。采下的果实果柄朝下放入果筐，运回经清洁、包装处理即可食用或销售。

番木瓜露天栽培技术

一、品种选择

选择植株健壮、抗病性较强，经过适栽试验，证明是适合番木瓜适宜区栽培的丰产稳产品种，如从我国台湾引进台农 2 号、日升、改良日升、红妃、金旺；从马来西亚引进的马来西亚 10 号、马来西亚 2 号、马来西亚 6 号及广东的穗中红、美中红、红铃等品种。

二、选地种植

1. 选地

番木瓜对土壤适应性较强，一般在土层深厚、排灌良好、肥沃的沙壤土、黏壤土均能种植。园地以选择背北东南向，北部有山防风，土壤肥沃疏松、排水良好、灌溉条件好的田块。新建果园要与旧园相距 500 米以上。园地以选择背北东南向，北部有山防风，土壤肥沃疏松、排水良好、灌溉条件好的田块。

土壤肥沃疏松、排水良好田块

2. 整地

一犁一耙后用石灰进行消毒和调节 pH 值至 5～6.7，每亩施石灰 5 千克左右，再进行第 2 次犁耙，第 4.5～5.5 米开 1 个排水沟和深开环田沟，以降低地下水位离地面 50 厘米以下。畦做成龟背状，利于排水。

备耕覆盖完成，定植

定植完成

3. 定植

定植时间：当最低气温稳定在 10℃以上时，就可定植，秋植或春植。

株行距：（2×2.2）米～（2.2×2.4）米，每亩种植 130～150 株，为了丰产稳产及定植后拔除雄株，每穴在有条件的情况下，可植 2～3 株，现蕾期再选留两性株或雌株。

种植：按照规划好的株行距在畦上挖种植穴。植穴规格为 50 厘米 ×50 厘米 ×50 厘米，穴开好后，晒一周，喷多菌灵或敌克松消毒即可下基肥，每穴施腐熟含钾量较高的有机肥 30 千克、复合肥 1 千克、硼砂 5 克，与表土充分混匀后填

每穴定植 1 株

每穴定植 2～3 株

到穴里，上面用表土，每行盖上黑色地膜，整理好后一周定植。定植前营养袋要浇足水，种植时在穴顶挖深约20厘米的小穴，把苗放入穴内，用剪刀剪除营养袋，尽量保持泥团不松散，少伤根。栽植不可太深，露出根颈部，以免基部腐烂，然后填表土压实。第1次水要浇足。选晴天下午或阴天土壤干松种植较好。定植后要浇水2～3次，有条件的，在定植时用敌克松800～1 000倍液当定根水淋浇，可有效防止小苗根腐病，提高成活率。

4. 栽培方式

自然种植、斜栽、斜拉矮化栽培或十字割矮化栽培。斜栽是在种植时苗顺着风的方向45°种。斜拉矮化栽培技术为小苗长到40～50厘米时，朝着畦的顺风方向用包装绳斜拉45°～50°固定，包装绳用竹桩固定在畦中间。栽培管理技术较高的地区，可采取十字割技术，主要技术是在苗粗2厘米左右时，用小刀在根茎部纵向将茎十字形划开，长10厘米，中间放入石头撑开。它们有利于树体矮化，便于管理，也能提高产量和品质。

自然种植

自然种植结果

十字割矮化

斜拉矮化种植

斜拉矮化种植结果

三、果园管理

1. 施肥管理

番木瓜产量高，需肥量大，在施足基肥的基础上，应定期进行追肥。生长前期勤施薄施，氮、磷、钾肥配合施用，其比例为 1∶1∶1；生殖生长期是 1∶2∶2。据广州市果树研究所介绍，番木瓜在营养生长期氮、磷、钾的比例是 5∶6∶5，生殖生长期是 1∶2∶2，生长前期勤施薄施，氮、磷、钾肥配合施用。国外研究表明，一个产量为 100 吨 / 公顷的果园，每年带走的养分总量为氮 250 千克、磷 20 千克、钾 340 千克；而每年生产 100 吨鲜果带走的养分为氮 112 千克、磷 9.9 千克、钾 178.5 千克、钙 43 千克、镁 40.71 千克、硼 0.161 千克、铁 0.190 9 千克、锌 0.117 3 千克。其氮、磷、钾、钙、镁的比例为 1∶0.09∶1.59∶0.08∶0.36。在番木瓜适宜区，果园土壤钾、硼均较缺少，而番木瓜果实品质与钾关系密切，对硼又比较敏感，因此，生产中重视施用钾肥和硼肥。

生产中，如何确定各生长期的施肥量、施肥时期及方法，原则上是苗期勤施薄施，现蕾期、幼果期、盛果期重施。以农家肥为主，化肥为辅，有机肥和无机肥相结合。根据丰产栽培试验、生产实际及考虑经济效益，施肥如下。

促生肥：在定植后 10～15 天可开始施肥，每周施腐熟的人粪尿 1～2 次，并加入少量的尿素、磷、钾肥，由薄施到重施，由稀至浓，以后 10 天施 1 次，每周喷叶面肥 1 次，喷施尿素或磷酸二氢钾的浓度为 0.2%～0.5%，并可结合杀菌剂混喷。

催花肥：番木瓜现蕾时，要重施肥，主要以氮肥为主，适当增施磷钾肥。每半个月 1 次，株施复合肥 150 克。另外，还要喷施 2～3 次 0.1%～0.5% 的硼砂，以防瘤肿病发生。

壮果肥：进入结果期，要增施较重的肥料，在 7 月底前把全年 85% 肥料施下。每月 1 次，每次施 100 克氯化钾 +100 克复合肥，此时注意施含钾量高的有机肥，特别在果实成熟前 1 个半月施 1～2 次腐熟的优质有机肥如花生麸、草本灰等，提高果实含糖量，增进果实品质。

植株滴水线挖穴

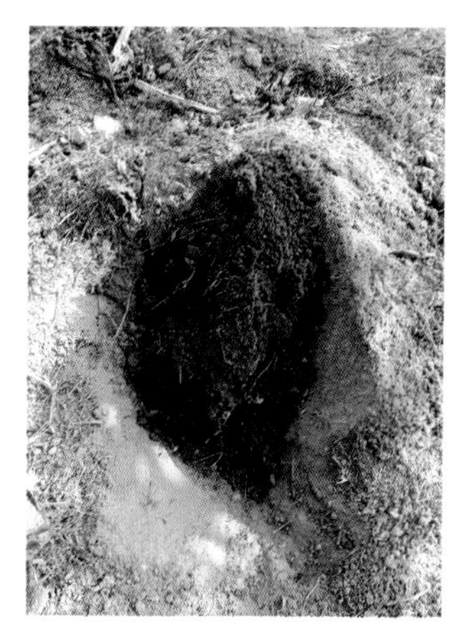

挖穴施肥

施肥后覆土

2. 土壤管理

番木瓜根系主要分布在耕作层处（20～35 厘米），在定植后 2 个月进行中耕除草，番木瓜露根现象比较明显，每隔一段时间，要及时培土，以消除露根。果园尽可能不用除草剂除草，以免影响植株的正常生长。在生长过程中要注意做好排灌工作，开花结果期后需要较多的水分，应定期灌水，雨季要及时排水。果实成熟期主要集中在秋季，而福建秋季是旱季，每周都要灌水 1 次，确保果实增大，但采果前一周不要灌水，以防影响果实品质。若条件许可，栽培水平较高的地区，可进行地面覆盖。

地面覆盖：番木瓜根系浅生，肉质性，易受土壤水分、温度变化的伤害，影响对水分养分的吸收，影响根系和植株的生长。地面或仅树盘盖地膜，能有效地抑制杂草、夏降土温冬增土温，雨季减轻土壤养分流失，又避免了水分危害，旱

植株露根

培土

培土及中耕除草

季保温效果好。且防止地面板结，增加土壤团粒结构，减少肥料的挥发失。覆盖有机废料如甘蔗渣、蔗壳、玉米秆、木糠等。还能使土壤湿润疏松，有机质增加。因此，最好是定植时畦面用黑色或银灰色塑料薄膜覆盖。为节省成本，也可仅覆盖树盘。地膜覆盖后抑制了杂草的滋生，免去了人工除草的劳力和锄伤番木瓜根系的不良影响，尤以黑色地膜效果更佳。若用透光地膜，虽然毁草仍可萌发生长，但由于地膜盖压和膜下温湿度较高，杂草生长不良或枯死。银灰色地膜还有反光作用，可增加番木瓜下部果实的光照，提高果实品质。

地面覆盖黑色地膜

3. 间作和套种

番木瓜果园可适当间作或套种其他作物，这有利于改变果园的生态环境，同时增加单位面积的经济效益。合理的间作或套种对番木瓜是有利的。套种以豆、菜类较好，还可间种甜玉米，起集中消灭蚜虫、减少番木瓜环斑花叶病发生的作用。如在闽南地区，3 月下旬种植番木瓜的同时间种甜玉米，前期两者同步进行管理，甜玉米采收，果园施足肥后，玉米秆覆盖在地面，到 7 月、8 月高温时还起到降温作用，同时玉米秆打碎后还可以作为第二年的基肥。

4. 除草、浅耕

没有实行覆盖的番木瓜果园，很快会杂草滋生，而番木瓜是浅根性作物，杂草对其生长的影响很大，应在定植后的 2～3 个月内人工除草，并结合浅耕，保持表土疏松透气，尽可能少伤及根系。番木瓜对除草剂较为敏感，所以番木瓜果园一般不使用除草剂除草。若要用除草剂也应在种植后半年以后，注意仅喷及地面杂草，不要触及番木瓜植株，风大及雨天不宜喷药。喷除草剂后结合草料、其他鲜草等地面覆盖，防杂草生长和保持土壤水分的效果更佳。

番木瓜是浅根系作物，加上果园水土流失，很容易露根，影响植株生长，结合除草浅耕进行培土，防止露根发生。补偿流失的土壤和增加养分。山地果园也可结合修整梯田内沟进行培土，一举两得；平地果园则可结合修整畦沟培土。

浅耕培土

中耕除草

四、树体管理

植株树干上的叶腋处有侧芽抽生，会消耗大量的养分和水分，影响花蕾的抽出和质量，应及时摘除。开花结果盛期，要进行疏花疏果，疏果最好在晴天午后进行。通常每个叶腋留果 1～3 个，雌性株留 1 个果，两性株可留 2～3 个果，把畸形果及多余的果疏除。为了提高果实商品价值，果实应进行套袋，套袋的果实色泽艳丽美观。为了利于养分集中满足早期果实发育的需要，提高果实品质和产量，促使果实早熟，福州地区可将 9 月后开的花全部摘除，漳州地区 11 月的花全部摘除。及时摘除下部枯黄叶，集中烧掉。

疏花疏果后株结果

摘除下部枯黄叶

授粉：番木瓜的花性和株性都不稳定，其授粉坐果又受各种因素的影响。大面积栽培的番木瓜果园，坐果率高低和果实发育是否完全，直接关系到产量。在这种情况下，最好能进行人工授粉，不仅能提高坐果率，而且还可以促进果实发育达到增加单果重和果身丰满的目的。番木瓜进行人工授粉时，花朵柱头接受了相当数量的花粉，能更大地刺激柱头分泌物产生，使其更好地完成授精作用，同时产生更多的激素，促进子房膨大和幼果发育，使果实充分膨大。番木瓜进行人工授粉后还可获得较多的、大小均匀的种子，而自然授粉的种子较少，且大小不均匀。在干旱季节保持果园空气适当湿润，早晚喷水灌水，都有利于坐果。

人工授粉的方法是在晴天早上 10 时之前，用镊子将当天散粉花朵上的花粉收集于器皿上，然后用毛笔将花粉授在雌花或两性花柱头上。每天上午对当天开放的花朵进行授粉，均能取得好的效果。

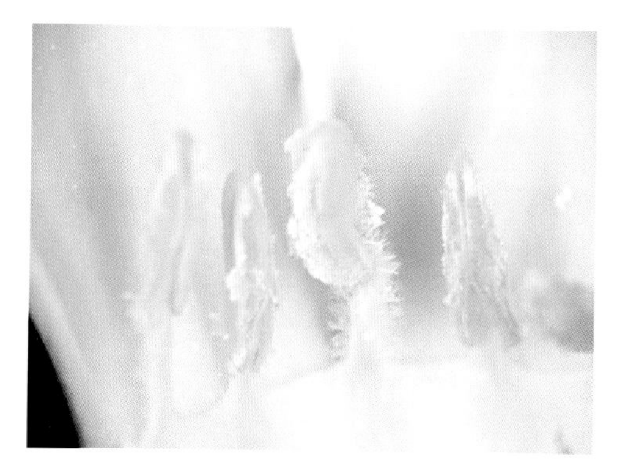
取花粉

人工授粉

防风：番木瓜茎干较高，组织松脆，根浅生，结果后树身重，挂果量大，容易风折。从品种选择上要选择矮生、抗风力强的品种。沿海地区在台风季节应重视防风，以尼龙绳或竹、木撑加固，以减少台风出现时的损失。目前有的地区采用斜拉种植或根茎部十字割以降低其高度来增强其抗风力。

撑杆防风

砍伐雄性株：番木瓜雄性株不能结果，影响产量，又消耗养分，若作为留种园，还会因其所繁殖的果园雄性株越来越多，失去栽培意义。所以植株能辨别株

砍去雄株

性时，就把雄株及时砍伐，并补植相应的雌株或两性株。即使砍后未能补植，也让出空间给周围的植株，用增加单株结果量和增大果实给予补偿。在定植时最好能用大的塑料袋或其他容器，移植、培育若干候补苗，供砍伐雄株后补植，保证单位面积结果株。

五、防寒

番木瓜是热带果树，温度低于 5℃时，容易受伤害。结果株一般在 12 月前把青果采收供菜用或加工用。若要带果越冬，翌年让其继续发育，采收熟果。则冬季来临前，可用稻草扎成一束，盖住番木瓜植株顶芽，以保顶芽不受霜冻。幼小植株可用竹条插成三角形，再用稻草盖住顶部，或用薄膜覆盖。霜冻或低温来临前，在果园周围燃烧草堆，烟熏预防霜冻。低温阴雨季节着重抓好排水工作，排出畦面积水，减少根系受冻害而腐烂。霜冻后，太阳出来前，采取全株喷水，可减少太阳直射迅速升温造成的伤害。受霜冻后，对没有冻死植株，天气转暖应注意多施磷、钾肥，使植株增强抗寒力和恢复生长。

果实包珍珠膜防寒

树顶盖有色薄膜防霜

六、采收

番木瓜由开花至果实成熟的时间，因季节不同而异，从开花至果实成熟的时间夏季果为110～130天，冬季果为150～210天。果皮色泽的变化由粉绿一浓绿，绿，浅绿，黄绿，出现黄色色斑，黄色扩大但果肉很硬，黄色果肉变软。果皮出现黄色条斑时，表明果实已开始进入成熟期，从出现黄色条斑直到全果变黄这段时间都可以采收，但从运输储藏角度来考虑，在果皮出现黄色条斑，亦即常说的三画黄，果肉未变软时采收，不但果实已具备木瓜固有的风味，而且果皮坚实，运输方便。要从市场需求和贮运时间长短来确定采收成熟度，按采收标准来确定采收。近处销售，果皮有2点或3点条状淡黄色（9成熟）才采收。供应远距离市场，要选择果皮一点黄果肉开始变红（或变黄）且果肉未变软时采收。一般5—9月果皮有一点黄方可采收，10—12月和1—2月果皮有3点黄方可采收。3—4月果皮有2点黄可采收。如过早采收，则难于后熟，风味差；过迟采收则不耐贮运。

采收方法：一握果向上一掰，连果柄一起采收，采收时要小心操作，轻采轻放，避免碰伤果皮。夏、秋季节3～5天采果1次，冬季7天采果1次。

双手采果

采果后轻拿轻放

采收时用塑料盆装果实

番木瓜主要病虫害防治

一、主要病害及防治

番木瓜病害已知的有40多种，其中危害最普遍和最严重的是由病毒引起的番木瓜环斑花叶病。除此之外，还有炭疽病、叶斑病及贮藏病害等30多种真菌病害，随着北方某些地区引种成功，进行设施栽培，如在冬暖式大棚、温室种植。番木瓜生存环境发生改变，番木瓜病虫也相应增多，通常有以下病虫害。

1. 环斑花叶病

番木瓜环斑花叶病一般称花叶病，我国番木瓜产区有两种类型，即环斑病、畸叶病。在番木瓜的种植区非转基因品种一般种植一生后都会发生。

（1）环斑病

［为害症状］

发病初期，只在植株顶部叶片背面产生水渍状圆斑，顶部嫩茎及叶柄上也产生水渍状斑点，随后在嫩叶上出现黄绿相间或深绿与浅绿相间的花叶病症状，嫩茎及叶柄的水渍状斑点扩大并联合成水渍状条纹。病叶一般不变形，但新生长出的叶片有时呈畸形。在感病果实表皮上也出现水渍状圆斑（环斑），或同心轮纹圈斑，往往2～3个圈斑可互相联合成不规则大病斑。低温期，症状不明显，但老叶大多提早脱落，只剩顶部黄色幼叶，幼叶变脆、透明、畸形、皱缩。自然传播媒介为桃蚜和棉蚜，传播率非常高。植株发病后死亡率高达90%，田间病株叶片与健康株叶片接触摩擦就可传染。

叶片黄化及不规则褪绿

感染病果

（2）畸叶病

［为害症状］

病叶明显畸形，皱缩，呈窄叶状、鸡爪状、带状或线状，缺叶肉或叶肉很少，病株不能结果，或结果少而小，失去原有风味，不堪食用。该病亦称番木瓜环斑花叶病、畸叶型病，是由病毒侵染所致，是番木瓜的一种毁灭性病害。传毒媒介是蚜虫。

鸡爪状花叶病

卷叶型花叶病

［发病规律］

①气候条件。温暖干燥年份，发生严重。因此，在南方地区的气候条件下，

一年可出现两个发病高峰期和一个病株回绿期。4—5 月及 10—11 月上旬，月平均温度为 20～25℃，此时发病株最多，症状最明显；7—8 月，平均温度为 27～28℃，是病株回绿期，症状消失或减缓。高温对本病病毒有抑制作用，病株每天加温至 40℃，加温 4 小时，连续 4 天，病株明显回绿，病斑可消失，但停止高温几天后，症状再度出现。

②果园位置。因本病主要由蚜虫传染，凡与旧果园或与相邻果园病株毗邻的植株发病快，发病率高。连年种植的果园，发病早，发病率高。

③植株的生育期及生长状况。番木瓜整个生长发育阶段均可感病。

［防治方法］

目前还没有根治方法，只是采取以栽培措施为主的综合防治措施。

①选种耐病品种。

②加强栽培管理，改进栽培管理措施，增强植株抗（耐）病能力。

③及时挖除病株。

④消灭病源，适当隔离。

⑤药剂灭蚜。在蚜虫迁飞高峰期，特别在干旱季节及时喷药。果园周围蚜虫喜欢栖息的杂草上，要同时注意清除。

⑥药剂灭蚜。在蚜虫迁飞高峰期，特别在干旱季节及时喷药（见蚜虫防治）。果园周围蚜虫喜欢栖息的杂草上，要同时注意清除。

⑦有条件的地方，用防蚜虫网进行设施种植。

2. 炭疽病

本病是仅次于番木瓜环斑花叶病的另一个重要病害，在我国南方地区普遍发生。全年均可发病，以秋季最为严重，幼果及成熟果发病较多，在果实贮藏期可继续为害。

［为害症状］

该病主要为害果实，其次为害叶片、叶柄和茎。先出现黄色或暗褐色的水渍状小斑点，随着病斑逐渐扩大，病斑中间凹陷，出现同心轮纹，上生朱红黏粒，后变小黑点。叶片上，

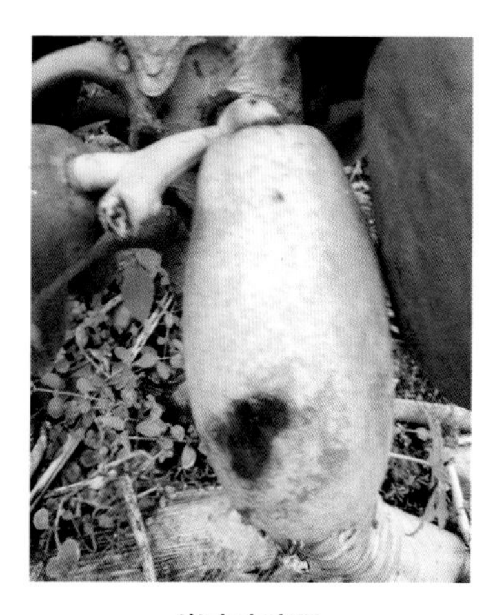

炭疽病病果

病斑多发生于叶尖和叶缘，褐色，呈不规则形，斑上有小黑点。病原为炭疽病菌，病菌在病残体中越冬。在高温多湿条件下，有利于病害发生流行，分生孢子由风雨及昆虫传播，由气孔、伤口或直接由表皮侵入。

[防治方法]

①冬季清园。彻底清除病残体，集中烧毁或深埋，并喷波尔多液 1 次。

②药剂防治。在 8—9 月，发病季节每隔 10～15 天喷药 1 次，连喷 3～4 次。药剂可选用 70% 甲基托布津可湿性粉剂 800～1 000 倍液，大生 500 倍液，40% 灭病威悬浮剂 250～350 倍液或 50% 多菌灵可湿性粉剂 800 倍液喷施，并及时清除病果，一般采果前 2 周喷药，预防果采后发病。

③适时采果，避免过熟采收和采摘时弄伤果实，在采果前两周喷布 70% 甲基托布津可湿性粉剂 1 000 倍液，可起到防腐保鲜作用。

3. 瘤肿病

[为害症状]

发病后叶片变小，叶柄缩短，幼叶叶尖变褐枯死，叶片可卷曲、脱落，雌花可变雄花，花常枯死，果实很小时就大量脱落。在果实、嫩叶、花、茎干上有乳汁流出，并在流出部位有白色干结物。果实发病在幼果期乃至成熟初期均有乳汁流出的症状，且多在果实向阳面流出，果皮流出汁后会慢慢溃烂、变软，溃烂部分会变成褐色，没有溃烂的果实会有瘤状突起，凹凸不平。严重的病果种子退化败育，幼嫩白色种子变成褐色坏死。这是一种生理性病害，主要由土壤缺硼引起。

瘤肿病病果

［防治方法］

及时补充硼元素。可以对土壤施硼或叶面喷硼，选用硼酸或硼砂。在植株旁挖一小穴，每穴施硼砂2～5克，或硼酸3克，通常1～2次，叶面喷硼可喷0.2%硼酸或硼砂，每隔7天1次，共喷3～5次，即可预防瘤肿病的发生，施喷时间在番木瓜植株现蕾时就要完成。

4. 根腐病

［为害症状］

该病主要为害颈部及根部，育苗期和刚定植不久的苗较容易感病。特别是地下水位较高或排水不良造成积水，土壤黏性重时易感病。植株发病初期在茎基出现水渍状，后变褐腐烂，叶片枯萎，植株枯死。拔起植株可见病株的根变褐坏死。

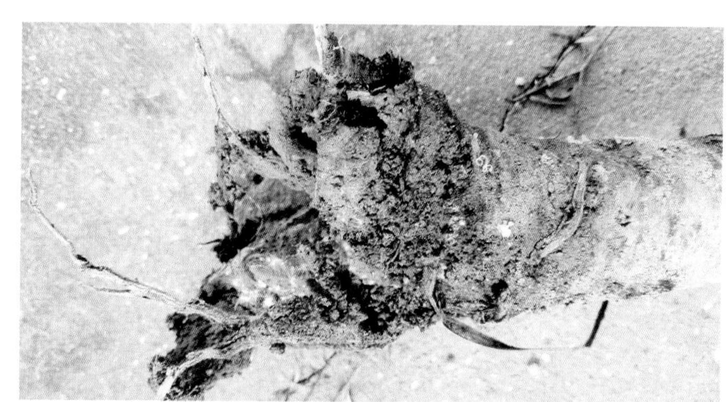

根腐病症状

［发病规律］

病原为镰刀菌属，以病菌在土壤中越冬，成为第二年传染源，由流动水传播。此病在排水不良、土质黏重、多雨年份及栽植过深时发病较重。

［防治方法］

①苗棚内要通风透气、透光、降低温湿度，苗地和种植地要排水良好，避免积水。

②避免连作，也不要与蔬菜地（特别前茬是葫芦科）连作。定植时不要种植太深。

③发现病株时要拔除，病穴要灌药液后翻晒，后再补种，其他植株或发病初

期及时喷药液保护。药剂可用 70% 敌克松可湿性粉剂 1 000 倍液，或 50% 多菌灵可湿性粉剂 50 倍液，每株灌药液 0.3～0.5 千克，7～10 天一次。连灌 2～3 次。

5. 霜疫病

［为害症状］

该病是从十几年前开始为害番木瓜的一种病害。高约 30 厘米的幼苗容易受害，叶斑褐色，不规则形、水渍状，潮湿时背面产生白霉、水渍状腐烂，表面有白霉，干燥时缢缩成“细脖子”状。

霜疫病病果

［发病规律］

人工接种果面可感病，自然条件下尚未见到。以病菌在病残体中越冬，由雨水及灌溉水溅射传播。多雨的季节及潮湿的条件发病较重。

［防治方法］

①苗棚内通风透气、透光，降低棚内湿度。

②发病初期及时连续喷药控制，药剂可用 66.5% 普力克水剂 800～1 000 倍液，或 72% 可杀得悬浮剂 800～1 000 倍液，或 58% 瑞毒霉锰锌可湿性粉剂 500 倍液，或 64% 杀矾可湿性粉剂 600 倍液。

二、主要害虫及防治

为害番木瓜的常见害虫有红蜘蛛、蚜虫、蜗牛、蝇类害虫等，苗期还经常受小地老虎、大蟋蟀等地下害虫为害。

1. 红蜘蛛

[为害症状]

以成螨和若螨活动于叶片背面，吸取汁液。被害叶片缺绿呈黄色斑点，严重为害叶片时黄色斑点连成一片，呈斑块状，似花叶病症状。被害叶片缺绿影响光合作用，严重时叶片脱落，植株生长受影响。

红蜘蛛为害叶片

[发病规律]

在南方地区番木瓜一年四季均有红蜘蛛为害，一年发生 20 多代，世代重叠，但以 4—5 月和 8—11 月为发生高峰期。

[防治方法]

①农业防治。番木瓜砍除时，要及时清除田间残体及杂草。

②生物防治。发现红蜘蛛为害可喷水 3～4 次，减少虫口，保护自然天敌捕食红蜘蛛。

③发生高峰期进行药剂防治。用药时应考虑农药的品种、施用方法和次数，尽量保护天敌。可用胶体硫悬浮剂 250 倍液，在幼虫孵化期每隔 5～7 天喷药 1 次，连喷 2～3 次。还可用杀螨剂 73% 克螨特乳油 1 500～2 000 倍液、5% 尼索朗乳油 2 000 倍液或 50% 托尔克可湿性粉剂 2 000～2 500 倍液等。

2. 蚜虫

蚜虫是番木瓜环斑花叶病的主要传病媒介昆虫之一，主要有桃蚜和棉蚜。

［为害症状］

当蚜虫在病株上吸取汁液时，番木瓜环斑花叶病的病原病毒随着汁液吸入蚜虫体内，蚜虫成为病毒传播者，当带毒蚜虫再去吸食正常植株时，把病毒传播给正常植株，这样不断地向四周传播。

［发病规律］

蚜虫一年发生 10～30 代，其他寄主植物有桃、十字花科蔬菜、烟草等。桃蚜也会在番木瓜植株上繁殖、越冬。通常干旱气候对蚜虫发生有利，雨水对蚜虫有直接冲刷作用。有翅蚜对黄色有强烈趋性，对银灰膜有负趋性。

［防治方法］

①育苗应远离桃树寄主植物，清除田间杂草。

②砍除蚜虫传病的病株。

③畦面覆盖银灰色薄膜驱蚜。苗期及生长前期用纱网（32 目）网室防蚜。

④发现蚜虫及发生高峰期施用药剂防治。可用 50% 巴丹可溶性粉剂 1 000 倍液，40% 乐果乳油 1 000 倍液、50% 抗蚜威可湿性粉剂 2 000～3 000 倍液或 50% 马拉硫磷乳油 1 500～2 000 倍液等交替使用。

3. 苗期地下害虫

地下害虫主要有蛴螬、小地老虎、蛞蝓（鼻涕虫）、大头蟋蟀等。为害方式主要是将苗的根茎咬断，使植株枯死，造成缺苗。防治时可用药剂喷洒或撒施毒土。防治方法有药剂可选用 80% 敌百虫可湿性粉剂 800 倍液，或 40% 乐果乳油 1 000 倍液，或 50% 辛硫磷乳油 800 倍液。也可用上述药剂 0.5 千克加适量水后拌细土 50 千克做成毒土，撒施在幼苗附近（每亩 20～30 千克）。还可在清晨天未亮之前用手电筒照射进行人工捕捉害虫。

4. 蝇类害虫

番木瓜北缘地区较少发生，如在福州地区较少发生，漳州地区发生较严重，广东、广西的南方地区发病也较普遍，对青果没有为害。在果实 3～4 成熟时，套袋保护，7 成熟时采收。大量发生时，进行化学防治。

［防治方法］

①性诱杀：在诱捕器中滴加诱蝇醚和敌敌畏等杀虫剂，引诱雄性虫飞来接触含毒的性诱剂而被杀死。简易诱捕器可采用倒挂的矿泉水瓶，四周钻几个小孔

供成虫飞入，内挂缠上滴有性诱剂和杀成虫剂棉团的铁丝，一般每亩果园放置3～5个诱捕器，可将果园的大量雄性成虫杀死。

②成虫发生高峰期，用中、低毒的倍硫磷乳油100～1 500倍液和多杀霉素（GF-120）600倍液直接喷，每周喷1次，采果前10天停止用药。

5. 蓟马

蓟马属缨翅目，蓟马科，是一种世界性害虫和重要检疫对象，其体型微小，隐蔽性为害、繁殖迅速，主要通过锉吸式口器刺吸寄主植物幼嫩组织的汁液及产卵进行为害，为害40多种果树类型，在南方主要为害龙眼、荔枝、番荔枝、香蕉等热带亚热带果树，近年来福建、广东番木瓜产区也受西花蓟马为害。

蓟马为害果实

［为害症状］

主要为害花和幼果，随着果实生长发育，果实表面受害部位呈规则形藓状，在藓状里有锈褐色或银褐疤痕。

［防治方法］

①物理防治。果园选择远离蓟马寄主植物，清除田间及周边杂草，并在蓟马繁殖生长期，结合浇水，用清水喷整株番木瓜。利用蓟马对海蓝色的趋性，设置海蓝色高效诱虫板进行诱杀。设施栽培番木瓜用纱网（32目）网室防蚜。

②生物防治。发现幼虫及发生高峰期施用药剂防治。结合其他害虫防治，用20%比虫啉可溶性粉剂3 000～4 000倍液，24%万灵水剂1 000倍液等交替使用。

三、生理病害

1. 冻害与冷害

番木瓜适宜生长的温度是25～32℃，要求月平均温度在16℃以上，10℃以下生长受抑制，5℃以下幼嫩器官发生冻害。低温还使果实变硬、味淡、变苦。设施栽培时，要注意寒冷季节的保温措施，在连续阴天或强冷空气条件下，要及时采用人工增温措施，防止冻害发生。

2. 涝害

番木瓜属于肉质根，适宜在疏松肥沃的土壤上生长。夏季如果地下水位高，田间积水时间超过24小时，容易引起烂根，严重时可引起植株倒伏或死亡。防治措施是及时进行田间排水，合理灌溉。

番木瓜贮藏保鲜技术

一、催熟

采收的六成熟的番木瓜果实，可用乙烯利催熟。在高温的 7—8 月，可用 45% 的乙烯利 2 000 倍液；在低温的 10—11 月，可用 1 000～1 500 倍液，将药液喷洒或涂于果皮上便可。可结合保鲜药液一起处理。也可根据实际需要不催熟直接入货架销售。

二、采后商品化处理

目前鲜食番木瓜还没有国家标准，也没有行业标准，而且各国、各地区对此类番木瓜的分级标准也各不相同。如在我国，只有果肉较厚、果形较正且漂亮、达到一定重量的才能成为商品果，目前栽培的鲜果番木瓜杂交品种中，只有两性果才能成为商品果。而在欧美、日本等市场，雌性瓜也能成为商品果，在马来西亚等东南亚国家，由于雌性株花性稳定，结果多，产量高，一般生产上都留雌性株。因此，本分级标准是根据我国目前市场需求为三个等级：一级果：果形正，果皮靓，无病伤痕斑。二级果：果形较正，果皮无斑。三级果：为一、二级以外的没有病斑之果。

三、采后损失与控制

番木瓜采后由病菌引起的病害主要包括炭疽病和蒂腐病。其中炭疽病是番木瓜产区普遍发生的采后病害。另外，蒂腐病是采后番木瓜贮藏中的又一种最常出现的病害，除了上述病害外，还有褐斑病、干腐病、湿腐病和果腐病等。而采后处理主要包括热水浸果处理、蒸汽热处理和熏蒸处理，可有效减少炭疽病的发生。热处理后结合打蜡，可减少贮藏期间果实皱缩。

对于陆地长途运输和需要贮藏的番木瓜果实则在使用热处理同时，必须配合杀菌剂和熏蒸联合处理，才可能获得良好的贮藏效果。杀菌剂可采用 0.1% 的特克多溶；番木瓜采用熏蒸和热处理相结合可有效控制果蝇。即在热水处理之前或之后，采用二溴化乙烯按 8 克 / 立方米用量在熏蒸室内对番木瓜熏蒸 2 小时左右，如先热水浸泡，则在熏蒸完毕后须降温至 25℃左右再熏蒸；反之，则在熏蒸完毕并通风后再热处理。近年来，生产上还使用辐照处理结合热处理效果也不错。其不仅可杀灭果蝇，对炭疽病也有抑制作用，还可延长采后寿命。其做法是首先用 48℃左右热水处理 20 分钟，然后在流动的冷水中降温 20 分钟，最后用 750Gy 的辐射剂量照射。如在热水中加入 0.08%～0.10% 的杀菌剂效果更佳。

另外，番木瓜在贮温不适时也易发生冷害。番木瓜在 5℃，一些品种甚至在 10℃贮藏时就会出现冷害症状，即果实不能正常后熟，表皮凹陷，果肉不能正常转色，果肉组织内部积水，对病菌感染抵抗力下降等，从而使产品品质下降，造成经济损失。因此在冷藏中应根据不同品种确定与之适宜的贮藏温度，并尽量减少贮存库温度波动。

保鲜处理：番木瓜易受真菌感染而腐烂，常见有炭疽病、黑霉病、果腐病、青霉病、霜疫病、软腐病、酸腐病等病害，采果后用清水洗干净，再用药剂处理，可起到防腐保鲜作用。常用 50% 施保功可湿性粉剂 1 000～1 500 倍溶浸果 1～2 分钟；25% 施保克乳油 1 000～1 500 倍溶浸果 1～2 分钟；45% 特克多 1 000 倍溶浸果 2 分钟；25% 扑海因油悬乳剂 2 500 倍溶浸果 1 分钟。其中以 50% 施保功可湿性粉剂 1 000～1 500 倍液浸果 1～2 分钟效果较好。

四、常温贮藏

在生产地区和产地附近销售成熟的番木瓜，包装房或转运外的贮藏只是临时，库房只求达到通风良好，清洁卫生条件即可。因为贮藏期短而不要求有冷温条件，这样，在夏热冬冷的室温下，经营者必须根据番木瓜热天后熟快，容易腐烂，而冬天后熟慢的特点，合理组织销售。秋冬季采收的成熟果实，有时还需要用人工催熟方法加速果实后熟，以便应市。催熟方法是在每一包装箱内，放入纸包滴上水的电石小量，包封包装不让透风，经 1～2 日夜，果皮转为鲜黄，即可食品用。此外，也可用 2 000 毫克 / 升乙烯利加两片氢氧化钠处理，24 小时内即可后熟。

冬季采收的番木瓜，当地较为冷凉的大气温度，有利于果实的贮藏，若要求北运到大气温度低于 12℃以下的地区，则要求运输车箱具有防冷设施，以避免果实产生冷害。

果实包装

五、低温贮藏

如果需较长时间贮藏，则应低温贮藏。即将经热水浸泡、熏蒸或辐照处理后的番木瓜，尽快转运到大约 13℃的贮库中贮存。在此温度下，番木瓜一般可以贮存 23 周的时间，移到室温下后可正常后熟，不影响果实品质。另外注意低温贮藏番木瓜最好在开始变黄的成熟阶段采收较合适，因为这个阶段果实对冷害敏感性较低。

与低温贮藏相结合的几个实验说明，低压贮藏可以减少番木瓜果实腐烂的发展，但仅是在抑制病菌的生长方面起作用；其他一些气调贮藏是在低温下和 1%～1.5% 含氧量的控制气体条件下，获得延长为数不多的贮藏时间。这些实验都需要与传统的采后处理、热处理、杀菌剂处理和冷藏条件相配合，而附加的低压或气调实验提高了成本经费，故在商业实践上尚未使用。

六、包装运输

为了贮藏、运输及销售方便，应选果形大小、长短相近、成熟一致的重量为

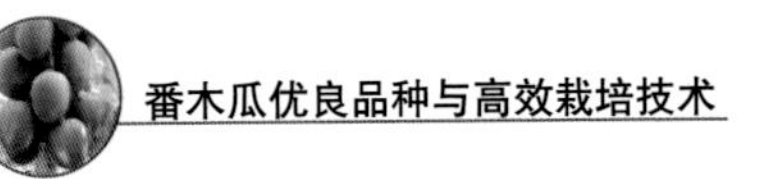

0.5～1 千克的果实，采用瓦楞纸箱包装，每一个果实均套袋，果蒂向下，间填以纸纤维或木纤维等填充物，并每一包装中不宜超过两层；每箱 5 千克，并注明级别、个数，利于销售。大批运输时，也可采用有衬垫的木箱或坚实的竹筐包装。

七、贮运

贮藏期长短与采收成熟度、温度关系较大，采收、清洗、分级、保鲜处理、包装、运输必须当天完成，及时进冷藏库以便分批销售。低温贮藏可以延长番木瓜贮藏寿命，一般采收及经商品化处理后放在 13℃下可贮藏 2～3 周，后移置室温下可正常后熟，保持果实品质。温度低于 6℃番木瓜会产生冷害。

附　录　番木瓜周年管理工作历

1—3月

物候期：育苗期。

工作重点：育苗，幼苗管理，备耕，两年生果园施肥。

工作内容：此时进行营养盘的育苗，或秋播幼苗处于5～7片真叶期，管理上主要是控制温室大棚的温、湿度，在低于5℃的温度下环境下，关好门，适当增温。高于25℃时开门通风。还要控制好水分，尽量少喷雾浇水，只要幼苗叶片没出现下垂现象就不浇水，这样可以防止幼苗徒长及病害的发生。同时要进行地下害虫防治。2月淋施0.2%含钾量高的复合肥1～2次，3月淋施0.5%含钾量高的复合肥2～3次，3月还要叶面喷施0.2%～0.3%磷酸二氢钾2～3次。

备耕工作，果园耕田翻晒，整地施基肥，每亩均匀撒有机肥10～15吨，起畦，畦宽1～1.2米，果园四周挖50～60厘米深沟，挖畦沟深30厘米，种植前畦面覆盖黑色薄膜。2年生果园施基肥，每株施有机肥1～2千克。

播种育苗

种子萌发

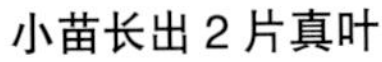
小苗长出 2 片真叶

小苗长出 5 片真叶

备耕

盖揭膜工具

4 月

物候期：幼苗促生期，营养促生期。

工作重点：果园定植，促进幼苗生长。

工作内容：清明节后，当气温达到 16℃以上时，果园可以定植。定植前一周，育苗盘喷施 0.2%～0.3% 磷酸二氢钾，定植前一天喷水，让营养土充分湿润，种植时轻拿轻放，尽量保持幼根系完整，及时浇足定根水。定植后 10 天左右，叶片正常生长时，施一次腐熟 0.2%～0.5% 人粪尿，1 周后再施 1 次。随后，每周施薄尿素加复合肥，10 天喷 1 次叶面肥，设施条件好的果园，可结合杀菌剂混喷。4 月雨水较多，及时喷杀菌剂预防白粉病。及时排水，但要保持土壤湿润，防止烂根。侧芽长出时，及时摘除，根长出地面时，要培土，防止露根现象发生。随着植株长大，地膜穿孔四周及时用泥土覆盖，防止长杂草，同时深沟及畦沟的杂草及时清理。

苗木准备出圃

苗木果园定植

果园中耕除草

5—6 月

物候期：营养生长，生殖生长，开花结果。

工作重点：从营养生长向生殖生长过渡，5 月中旬植物开始现蕾，此时摘侧芽时小心，不要把花蕾碰伤及误摘除。初现花蕾时，要重施肥，每周 1 次，供花芽形成及植株生长的需要，此时仍以氮肥为主，适当增施磷、钾肥，每株施 100～120 克。建园时没有施硼肥的果园，每株施 3～5 克硼砂及硼酸，并喷 2～3

次 0.2%～0.3% 硼砂及硼酸，防止瘤肿病，保证果实表面光滑。6 月中下旬，大量结果，当果穗上主要部位的果坐实后，要及时将侧边的小花摘除，减少营养消耗。现蕾期及结果期，正是蚜虫、红蜘蛛、毛虫发生期，要喷药防治，5 月上旬，当果园虫口密度低时，果园挂防虫板进行预防，尽量少用农药。6 月中下旬，气温上升快，出现干旱时，早晚果园喷水或果园灌溉，增加田间空气湿度，有利于开花授粉，必要时进行人工授粉，让单性果生长发育良好。增加产量。另外一个重要工作是植株斜拉矮化，当植株长到 1 米左右时，顺着风的方向斜拉 45°，并在地面立桩用绳子固定。

植株斜拉矮化

植株正常生长结果

7—8 月

物候期：大量结果期，膨果期。

工作重点：疏花疏果，重施壮果肥，防风防涝。

工作内容：此时花果大量同株，开花，坐果，幼果长大，植株生长。首要工作是施壮果肥，每半个月 1 次，株施 200 克高钾复合肥，加 1 千克有机肥，有条件的果园，还施入花生饼肥，每株 1 千克左右，来增加果园钾肥含量，提高果实品质。施足肥料，这样才能保证植株开花、结果、果实长大、植株继续生长的需要。还要做好疏花疏果工作，疏花果在晴天午后进行，雌株每一叶腋留 1～2 个果，长圆形两性株高温时，间断结果明显，一般留 2～3 个果，多余的花果及时疏去。7—8 月是台风频发期，及时支竿支撑或用其他绳子拉扯固定，并及时排水，减轻涝害，尽量减少台风危害。

8 月是红蜘蛛盛发期，及早做好防治工作。台风后，要及时喷杀菌剂，防治病菌的侵染，还把台风吹断的枯叶及黄叶摘除烧毁。

摘除侧叶

疏除小花

红蜘蛛为害

9 月

物候期：果实膨大期，播种育苗期。

工作重点：追施肥水，喷杀菌剂。

工作内容：继续做好疏花疏果工作，及时摘除枯叶黄叶。此时果实膨大，需吸收大量水、肥，继续施肥，但用量相对减少，每株施复合肥 50～100 克。发生秋旱时，要适时灌水，保证果实膨大。9 月是花叶病发生盛期，此时严防蚜虫。为了防治果实贮藏期病害，喷 1～2 次低毒杀菌剂。

9 月中旬开始用营养盘播种育苗，管理同春季。

疏除多余的小果

果实膨大

10—11 月

物候期：采果期，幼苗期。

工作重点：采收果实，幼苗管理。

工作内容：果实大量成熟，天气晴朗时，及时采收。收果时，两手握住果实往上掰即可，果柄折断后要让果柄朝下，让乳汁直接滴到地面，保证果实表面干

果实成熟

采果

净。采收的果实放在阴处摊开，散去田间热量，近距离销售的果实用45%乙烯利400～600倍液侵1～2分钟，然后用海绵抹干净，晾干后用泡沫袋包好装箱，进行销售。远距离销售时果实，用杀菌剂清洁果实表面后，用泡沫袋包好装箱，每箱装12～16个为好，进行长途运输销售。

果实洁净包装

泡沫袋包好装箱

果园管理方面，可根据天气情况，干旱时，适当浇水，10月下旬以后，减少施肥量，来保证植株上果实膨大。

幼苗4～5片真叶时，可薄施肥水，叶面喷施或淋施0.1%～0.2%磷酸二氢钾，每周1次，施两次，之后再淋施两次0.3%的复合肥。

12月

物候期：防寒期。

工作重点：幼苗和果园防寒。

工作内容：当气温低于10℃时，果园要防寒，植株保温材料，如珍珠棉，稻草等，把整株树中上部包起来。

幼苗管理方面，及时盖小拱棚薄膜，但也要低温炼苗，防止幼苗徒长，高温时要揭膜通风。苗期还要注意防治白粉病、炭疽病、猝倒病，定期喷杀菌剂，并控制好拱棚内的温湿度。

参考文献

蔡盛华，陆修闽，黄雄峰，等. 2003. 番木瓜的保健药用与庭院栽培要点［J］. 福建果树（3）：10-11.

蔡英卿，赖钟雄. 2003. 番木瓜生物技术研究进展［J］. 江西农业大学学报，25（3）：429-434.

陈春宝，黎小瑛，周鹏. 2006. 番木瓜抗病育种及其组培苗生产概述［J］. 热带农业科学，26（6）：47-52.

陈健. 2002. 番木瓜品种与栽培彩色图说［M］. 北京：中国农业出版社.

陈中海. 2002. 番木瓜性别的生化标记与分子标记研究［D］. 福州：福建农林大学.

董燕，闫万亭，张文波. 2009. 北方地区番木瓜温室栽培技术［J］. 西北园艺（3）：16-18.

郭德章，鄢铮，林庆良，等. 2001. 番木瓜组织细胞学及遗传改良研究进展和展望［J］. 福建农业学报，16（2）：49-55.

贺握权，廖建良. 2011. 惠州优质高产番木瓜的栽培技术研究［J］. 中国园艺文摘，27（2）：157-158.

黄建昌，肖艳，赵春香. 2005. 番木瓜遗传改良研究进展［J］. 果树学报，22（1）：60-65.

黄建昌，肖艳. 2006. 番木瓜抗 PRSV 育种研究进展与展望［J］. 福建果树（4）：24-27.

黄雄峰，钟秋珍，林燕金，等. 2010. 番木瓜标准化栽培技术［J］. 现代农业科技，（19）：126-127.

李卫东. 2007. 番木瓜组培苗生产体系的优化及质量监测体系的建立［D］. 海口：华南热带农业大学.

林冠雄，周常清，游恺哲，等. 2005. 我国番木瓜育种研究进展与展望［J］. 广东农业科学，（4）：22-24.

刘德兵，曾晓鹏，陈子妹，等. 2007. 我国选育的番木瓜品种介绍［J］. 中国热带农业（1）：47-49.
刘思，沈文涛，黎小瑛，等. 2007. 番木瓜的营养保健价值与产品开发［J］. 广东农业科学（2）：68-70.
齐振宇. 2006. 番木瓜杭州地区设施栽培初探［D］. 杭州：浙江大学.
孙德权，罗萍，吕玲玲，等. 2006. 生物技术在番木瓜育种上的应用［J］. 种子，25（12）：54-57.
王龙甫. 2010. 番木瓜组培快繁技术体系的研究［D］. 湛江：广东海洋大学.
吴遵耀，郭林榕，熊月明. 2007. 番木瓜生产现状及发展对策［J］. 福建农业科技（3）：88-90.
谢志南，赖瑞云，许文宝. 2007. 番木瓜高产优质高效栽培技术［J］. 中国热带农业（5）：60-61.
熊月明，郭林榕，黄雄峰，等. 2011. 番木瓜两性株高温变性调控技术要点及依据［J］. 中国南方果树（5）：85.
熊月明，王长春，韦晓霞，等. 2007. 番木瓜性别鉴定方法研究［J］. 佛山科学技术学院学报，25（3）：56-58.
熊月明，韦晓霞，张丽梅，等. 2009. 栽培基质及水分胁迫对盆栽番木瓜生长的影响［J］. 福建农业学报，24（6）：545-549.
熊月明，钟秋珍，黄雄峰，等. 2008. 番木瓜性别遗传机制、性别决定及性别转换研究进展［J］. 广东农业科学（1），21-22.
杨建明，霍日祥，唐露强，等. 2005. 番木瓜新品种选育及组织培养技术应用［J］. 广西热带农业（5）：28-29.
杨培生，钟思现，杜中军，等. 2007. 我国番木瓜产业发展现状和主要问题［J］. 中国热带农业（4）：8-9.
袁志超，汪芳安. 2006. 番木瓜的开发应用及研究进展［J］. 武汉工业学院学报，25（3）：15-20.
曾晓鹏，刘德兵，陈子妹，等. 2007. 国外选育的主要番木瓜晶种简介［J］. 中国热带农业（2）：54-55.
张宇慧，周鹏. 2009. 世界番木瓜贸易与发展分析［J］. 中国热带农业（3）：24-25.

张宇慧，周鹏．2009．世界番木瓜贸易与发展分析［J］．中国热带农业（3）：25-26．

中国市场调查研究中心．2009．中国番木瓜市场发展研究报告［R］．北京：［出版者不详］．

周鹏，沈文涛，言普，等．2010．我国番木瓜产业发展的关键问题及对策［J］，热带作物学报，1（3）：257-260，264．

Aradhya M K, Manshardt R M, Zee F, Morden C W. 1999. A phylogenetic analysis of the genus Carica based on restriction fragment length variation in a cp-DNA intergeneric spacer region [J]. Genet Resour Crop Evol (46): 579–586.

Arumuganathan E, Earle E D. 1991. Nuclear DNA content of some important plant species [J]. Plant Mol Biol Rep (93): 208–219.

Awada M.1958. Relationship of minimum temperature and growth rate with sex expression of papaya plants (Carica papaya) [J]. Hawaii Agri Exp St Bull 38 (10): 11–19.

Badillo V M，Carica L. Vs. Vasconcellea St. Hil. 2000.（Caricaceae）con La rehabilitation de else ultimo [J]. Ernstia (10): 74–99.

Drew R A, O'Brien CM, Magdalita P M. 1990. Development of interspecific Carica papaya hybrid [J]. Acta Hort (461): 285–292.

Droogenbroeck B V, Breyne P, Goerghebeur P, *et al*. 2002. AFLP analysis of genetic relationship among papaya and its wild relatives (Caricaceae) from Ecuador [J]. Theor Appl Genet (105): 289–297.

Droogenbroeck B V, Kyndt T, Maerten I, *et al*. 2004, Phylogenetic analysis of the highland papaya（Vasconcellea) and allied genera (Caricaceae) using PCR-RFLP [J]. Theor Appl Genet (108): 1473–1486.

Fitch M M M, Manshardt R M, Gonsalves D, *et al*. 1990. Stable transformation of papaya via microprojectile bombardment [J]. Plant Cell Rep 9(4): 189–194.

Fitch M M M, Manshardt R M, Gonsalves D, *et al*. 1992. Virus resistant papaya derived from tissue bombardment with coat protein gene of papaya ringspot virus [J]. Bio/Technology (10): 1466–1472.

Grant S, Houben A, Vyskot B, *et al*. 1994. Genetics of sex determination in flowering plants [J]. Dev Genet (15): 214–230.

Horovitz S, Jimenez H. 1967.Cruzmientos interspecificos E intergenericos En Caricaceae Y Sus implicaciones Fitotecnicas [J]. Agron Trop (17): 323–343.

inistera X H, Polston J E, Abouzid A M, *et al.* 1999. Tobacco plants transformed with a modified coat protein of tomato mottle begomovirus show resistance to virus infection [J]. Virology 89(9): 701–706.

Jobin-Décor M P, Graham J C, Henery R J, *et al.* 1996. RAPD and isozyme analysis of genetic relationship between Carica papaya and wild relatives [J]. Genet Resour Crop Evol (44): 1–7.

Kim M S,Moore P H, Zee F, *et al.* 2002. Genetic diversity of Carica papaya as revealed by AFLP markers [J]. Genome (45): 503–512.

Lin C C, Su HJ,Wang D N. 1989. The control of papaya ringspot virus in Taiwan ROC [J]. Food & Fertilizer Technology Center Tech Bull (114): 1–13.

Ling K, Namba S, Gonsalves C, *et al.* 1997. Protection against detrimental effects of potyvirus infection in transgenic tobacco plants expressing the papaya ringspot virus coat protein gene [J]. Bio/Technology 9(8): 752–758.

Liu Z, Moore P H, Ma H, *et al.* 2004. A primitive Y chromosome in papaya makes incipient sex chromosome evolution [J].Nature (427): 348–352.

Lius S, Manshardt R M, Fitch M M M, *et al.* 1997. Pathogen derived resistance provide papaya with effective protection against papaya ring spot virus [J]. Mol Breed (3): 161–168

Ma H, Moore P H, Liu Z, *et al.* 2004. High density linkage mapping revealed suppression of recombination at the sex determination locus in papaya [J]. Genetics (166): 419–436.

Ming R, Moore P H, Zee F, *et al.* 2001. Construction and characterization of a papaya BAC library as a foundation for molecular dissection of a tree fruit genome [J]. Theor Appl Genet (102): 892–899.

Moore G, Litz R E. 1984. Biochemical markers for Carica papaya, C. cauliflora and plants from somatic embryos of their hybrids [J]. J Am Soc Hort Sci (109): 213–218.

Nopakunwong U, Sutchaponges S, Anupunt P, *et al.* 1993. Papaya selections tolerant to papaya ringspot virus diseases [J]. Srisaket Horticultural Research Center Yearly Report 172–175.

Parasnis A S, Gupta V S, Tamhankar S A, *et al.* 2000. A highly reliable sex diagnostic PCR assay for mass screening of papaya seedling [J]. Mol Breed (6): 337–344.

Saxena S, Hallan V, Singh BP, *et al.* 1998. Evidence from nucleic acid hybridisation tests for a Geminivirus infection causing leaf curl disease of papaya in India [J]. Ind J Exp Bio (36): 229–232.

Urasaki N, Tarora K, Uehara J, *et al.* 2002. Rapid and highly reliable sex diagnostic PCR assay for papaya (C. papaya) [J]. Breed Sci (52): 333–335.

Urasaki N, Tokumoto, Tarora, K, *et al.* 2002. A male and hermaphrodite specific RAPD marker for papaya (C. papaya L.) [J]. Theor Appl Genet (104): 281–285

Vegas A, Trujillo G, Sandrea Y, *et al.* 2003. Hibridos Intergenericos Entre Carica papaya Y Vasconcellea cauliflora [J]. Interciencia (28): 710–714.